Firas Almoustafa

Hydrodynamique et Transfert de Matière

AF209450

Firas Almoustafa

Hydrodynamique et Transfert de Matière

Evaluation des Performances des Aérateurs pour l'Oxygénation des Boues Activées

Presses Académiques Francophones

Impressum / Mentions légales
Bibliografische Information der Deutschen Nationalbibliothek: Die Deutsche Nationalbibliothek verzeichnet diese Publikation in der Deutschen Nationalbibliografie; detaillierte bibliografische Daten sind im Internet über http://dnb.d-nb.de abrufbar.
Alle in diesem Buch genannten Marken und Produktnamen unterliegen warenzeichen-, marken- oder patentrechtlichem Schutz bzw. sind Warenzeichen oder eingetragene Warenzeichen der jeweiligen Inhaber. Die Wiedergabe von Marken, Produktnamen, Gebrauchsnamen, Handelsnamen, Warenbezeichnungen u.s.w. in diesem Werk berechtigt auch ohne besondere Kennzeichnung nicht zu der Annahme, dass solche Namen im Sinne der Warenzeichen- und Markenschutzgesetzgebung als frei zu betrachten wären und daher von jedermann benutzt werden dürften.

Information bibliographique publiée par la Deutsche Nationalbibliothek: La Deutsche Nationalbibliothek inscrit cette publication à la Deutsche Nationalbibliografie; des données bibliographiques détaillées sont disponibles sur internet à l'adresse http://dnb.d-nb.de.
Toutes marques et noms de produits mentionnés dans ce livre demeurent sous la protection des marques, des marques déposées et des brevets, et sont des marques ou des marques déposées de leurs détenteurs respectifs. L'utilisation des marques, noms de produits, noms communs, noms commerciaux, descriptions de produits, etc, même sans qu'ils soient mentionnés de façon particulière dans ce livre ne signifie en aucune façon que ces noms peuvent être utilisés sans restriction à l'égard de la législation pour la protection des marques et des marques déposées et pourraient donc être utilisés par quiconque.

Coverbild / Photo de couverture: www.ingimage.com

Verlag / Editeur:
Presses Académiques Francophones
ist ein Imprint der / est une marque déposée de
OmniScriptum GmbH & Co. KG
Heinrich-Böcking-Str. 6-8, 66121 Saarbrücken, Deutschland / Allemagne
Email: info@presses-academiques.com

Herstellung: siehe letzte Seite /
Impression: voir la dernière page
ISBN: 978-3-8381-4280-7

Zugl. / Agréé par: Lyon, INSA, 2009

Production scientifique

Publication dans revues internationales à comité de lecture

Firas Almoustafa, Belkacem Benadda and Pierre Buffière. "Efficiency of gas-liquid contactor for the oxygenation of activated sludge : Assessment of mass transfer coefficient." Accepté par *Chemical Engineering and Technology. à paraitre au volume 12, 2009.*

Publication dans actes de congrès international avec comité de lecture sur texte complet

F. Almoustafa and B. Benadda "Efficiency of Air-Liquid Contactor for the Activated Sludges Oxygenation" *12t h International Research/Expert Conference "Trends in the Development of Machinery and Associated Technology"*
TMT 2008, Istanbul, Turkey, 26-30 August 2008

Remerciements

Au terme de ce travail qui a été effectué au LGCIE, (Laboratoire de Génie Civil et Ingénierie Environnementale) à l'INSA de Lyon. Je tiens par ces quelques lignes à remercier les personnes qui m'ont aidé à mener à bien cette tâche.

Ma reconnaissance va tout d'abord à Monsieur le Professeur Belkacem BENADDA pour son suivi, pour son soutien, pour sa confiance et pour m'avoir fourni le cadre et les moyens nécessaires pour mener à bien ce travail de recherche et pour son assistance tout au long de ce travail, je lui suis profondément reconnaissant.

Je remercie le ministère de l'environnement de la République arabe syrienne de m'avoir financé pendant la période de mes études pour obtenir le DEA et le doctorat.

Je remercie Monsieur le Professeur Rémy GOURDON, pour m'avoir donné la chance d'intégrer ce laboratoire et en acceptant de faire partie du jury.

Je suis également sensible à l'honneur que m'ont fait Monsieur le Professeur TODINCA Teodor de l'Université Polytechnique de Timisoara - Roumanie, et Monsieur le Professeur HEBRARD Gilles de l'INSA de Toulouse en acceptant d'être rapporteurs de ce travail et de faire partie du jury.

Je remercie aussi Madame KACEM Mariem Maitre de Conférences à l'École Nationale d'Ingénieurs de Saint Étienne en acceptant de faire partie du jury.

Merci également aux chercheurs et les techniciens du laboratoire les anciens et les actuels. Je remercie toutes les personnes qui m'ont aidé à mener à bien cette tâche.

Je remercie aussi les amis qui m'ont assuré par leur humour, une ambiance sympathique et permis d'effectuer de grandes fêtes.

Merci à toutes les personnes qui m'ont apporté leurs encouragements.

Enfin, je ne saurais oublier mes parents, mes sœurs et mes frères qui ont su m'encourager et me soutenir et à qui je dédie ce modeste travail en témoignage de ma profonde affection.

SOMMAIRE

SOMMAIRE

INTRODUCTION GENERALE 13
CHAPITRE I : SYNTHESE BIBLIOGRAPHIQUE ET DISPOSITIF EXPERIMENTAL
.... 17
I-1- INTRODUCTION : 17
I-2- STATION D'EPURATION : 18
  I-2-1- Etapes classiques de traitement des eaux usées : 18
  I-2-2- La Méthode aérobie de traitement de la matière organique : 19
I-3- LES DIFFÉRENTS SYSTÈMES D'AÉRATION : 19
  I-3-1- Aération de surface : 20
    I-3-1-a- Les aérateurs à vitesse lente à axe vertical : 20
    I-3-1-b- Les aérateurs à vitesse lente à axe horizontal : 20
    I-3-1-c- Les aérateurs à vitesse rapide : 21
  I-3-2- Aération par insufflation d'air 21
    I-3-2-a Insufflation des bulles d'air avec agitation mécanique : 21
    I-3-2-b Insufflation des bulles d'air en ascension libre : 22
I-4- PERFORMANCES DES SYSTEMES D'AERATION: 24
  I-4-1- Caractéristique des équipements d'aération en eau claire dans les
  conditions standards : 24
    I-4-1-a - Capacité d'oxygénation (kg $O_2.h^{-1}.m^{-3}$) : 24
    I-4-1-b- Apport horaire AH (kg $O_2.h^{-1}$) : 25
    I-4-1-c- Apport spécifique brut ASB (kg $O_2.kWh^{-1}$) : 25
    I-4-1-d- Apport spécifique net A.S.N (kg $O_2.kWh^{-1}$) : 25
    Quantité d'oxygène dissous par 1 kilowatt de puissance nette (P_N) mesurée sur l'arbre de
    l'agitateur : 25
    I-4-1-e- Rendement total d'oxygénation RO (%) : 25
    I-4-1-f- Rendement d'oxygénation spécifique ROS : 26
  I-4-2- Caractéristique des équipements d'aération en condition réelles : 26
  I-4-3- Perte de charge et consommation d'énergie 27
I-5- PARAMETRES INFLUENÇANT LE TRANSFERT D'OXYGENE DANS LES BASSINS D'AERATION
.... 27
  I-5-1- Le débit d'air 28
    I-5-1-a- Augmentation de la taille des bulles due à l'augmentation de l'ouverture de
    pores 28
    I-5-1-b- Diminution du temps de contact air eau 28
  I-5-2- La disposition et le nombre des diffuseurs 29
  I-5-3- La hauteur d'immersion des diffuseurs 29
I-6- LES FACTEURS DE FONCTIONNEMENT INFLUENÇANT LE TRANSFERT D'OXYGENE 29
  I-6-1- Charge : 30
  I-6-2- Teneur en matières en suspension (MES) 30
  I-6-3- Respiration des boues 31
  I-6-4- Composition de l'eau : 31
I-7- APPLICATION A UNE AERATION PAR INSUFFLATION D'AIR 31
I-8- ASPECT THEORIQUE DE LA GENERATION DES BULLES : 33
  I-8-1- Diamètre et taille des bulles : 33
  I-8-2- Bilan des forces exercées sur la bulle au cours de sa formation: 35
    I-8-2-a- Force de tension superficielle : 35
    I-8-2-b- Force de Traînée : 35

I-8-2-c- Force d'inertie :..36
I-8-2-d- Force d'Archimède :..36
I-8-2-e- Force de quantité de mouvement du gaz :...36
I-8-3- Evolution de la taille des bulles d'air naissantes en fonction de la hauteur d'immersion des diffuseurs 37
I-8-4- Evolution de la taille des bulles d'air lors de leur ascension 37
I-9- LES CONTACTEURS GAZ-LIQUIDE FAISANT INTERVENIR DES BULLES : 38
I-9-1- Les colonnes à bulles classiques : 38
I-9-2- Colonnes à bulles alimentées par un jet 41
I-10- DISPOSITIF EXPERIMENTAL :...45
I-10-1- Historique : 45
I-10-2- Descriptif : 46
I-10-3- Conditions de bon fonctionnement de l'aérateur à jet :............................49
CHAPITRE II : ETUDE HYDRODYNAMIQUE 55
II-1- INTRODUCTION..55
II-2- ASPECTS THEORIQUES DE L'HYDRODYNAMIQUE D'UN CONTACTEUR GAZ-LIQUIDE :.55
II-2-1- Rétention de gaz 55
II-2-2- Pertes de charge : 56
II-2-3- La Distribution des Temps de Séjour (DTS) 57
II-2-3-1- Introduction 57
II-2-3-2- Principe...57
II-2-3-3- Détermination de la DTS dans un réacteur- méthode de traceur.............59
II-2-3-3- a- Réponse à une injection échelon : 59
II-2-3-3- b- Réponse à une injection impulsion : 60
II-2-3-4- Distribution des temps de séjour dans les divers types de réacteurs 61
II-2-3-4-a- Réacteur à Ecoulement Piston : 61
II-2-3-4-b- Réacteur Parfaitement Agité : 61
II-2-3-4-c- Réacteur réel 62
II-2-3-5- Interprétation hydrodynamique des mesures DTS - Diagnostics de mauvais fonctionnement :..62
II-3- ETUDE EXPERIMENTALE DES PARAMETRES HYDRODYNAMIQUES...............................64
II-3-1- Mesure de la rétention gazeuse :..64
II-3-2- Mesure des pertes de charge : 66
II-3-3- Mesure de la distribution des temps de séjour : 67
II-3-3-1- Démarche expérimentale :...67
II-3-3-2- Résultats...70
II-3-3-2-1- Phase gaz : visualisation de l'écoulement des bulles 70
II-3-3-2-2- Phase liquide : distribution des temps de séjour : 72
II-3-3-3- Etude numérique de la distribution des temps de séjour côté liquide.......72
II-3-3-3-1- Modèle de cascade de N ROPA identiques 72
II-3-3-3-1-1- Méthode de résolution numérique - Méthode d'Euler 74
II-3-3-3-1-2- Résultats de la simulation numérique 75
CHAPITRE III : ETUDE DU TRANSFERT DE MATIERE 83
III-1- THEORIES SUR LE TRANSFERT D'OXYGENE: TRANSFERT DE MATIERE GAZ-LIQUIDE.83
III-1-1- Introduction 83
III-1-2- Modèles de transfert de matière 84
III-1-2-1- Modèle du double film de Lewis et Whitman (1924) 84
III-1-2-2- Modèle de pénétration de Higbie (1935):..86
III-1-2-3- Modèle de renouvellement de surface de Danckwerts (1951):...............87
III-I-3- Absorption gaz-liquide avec réaction chimique : 87

III-1-3-1- Nombre de Hatta 89

III-1-3-2- Régimes de réaction 91

III-2- MÉTHODES DE DETERMINATION DU COEFFICIENT VOLUMETRIQUE DE TRANSFERT DE MATIERE k_La: 92

III-2-1- Mesure du coefficient volumétrique de transfert de matière k_La en eau claire 93

III-2-1-1- La méthode de réoxygénation (Gassing-out) 93

III-2-1-1-1- Principe 93

III-2-1-2- Méthode des bilans gazeux 95

III-2-1-2-1- Principe 95

III-2-1-2-2- Application au réacteur à jet 97

III-2-1-3- La méthode utilisant une réaction chimique 98

III-2-1-3-1- Principe 99

III-2-1-3-2- Quelques remarques concernant cette méthode 100

III-2-2- Mesure du coefficient volumétrique de transfert de matière k_La' en présence de boues 100

III-2-2-1- Méthode du peroxyde d'hydrogène 101

III-2-2-1-1- Principe 101

III-2-2-1-2- Théorie, procédure 102

III-2-2-2- Méthode de réoxygénation de boues 104

III-2-2-2-1- Principe 104

III-2-2-2-2- Inconvénients & limites 105

III-3- DETERMINATION DU COEFFICIENT VOLUMETRIQUE DE TRANSFERT DE MATIERE k_La. RESULTATS EXPERIMENTAUX 105

III-3-1- Résultats obtenus en eau claire 105

III-3-1-1- La méthode de réoxygénation (Gassing-out) 105

III-3-1-1-3- Etalonnage de l'oxymètre 106

III-3-1-1-4- Effet de la position de la sonde dans le réacteur 106

III-3-1-1-5- Résultats expérimentaux 106

III-3-1-2- Méthode des bilans gazeux 109

III-3-1-3- La méthode avec réaction chimique 111

III-3-1-4- Modélisation du transfert d'oxygène- Le modèle homogène pour la phase gazeuse et la phase liquide en régime transitoire : 113

III-3-2- Résultats obtenus en présence de boues 120

III-3-2-1- La méthode au peroxyde d'hydrogène 120

III-3-2-2- La méthode de réoxygénation de boues 122

III-4- DISCUSSION DES RESULTATS ET ETUDE COMPARATIVE ENTRE LES METHODES 124

III-4-1- En eau claire 124

III-4-2- En présence de boues 126

III-5- CONCLUSION 127

CHAPITRE IV : ETUDE DES PERFORMANCES DU REACTEUR A JET 131

IV-1- INTRODUCTION 131

IV-2- LE FACTEUR ALPHA 131

IV-3- ETUDE DES PERFORMANCES DU REACTEUR A JET VERTICAL 135

IV-3-1-Performances en eau claire et conditions standards 135

IV-3-2- Performances en présence de boues : 137

IV-3-2-1- En conditions standards 137

IV-3-2-2- En conditions réelles de chaque essai 139

IV-4- COMPARAISON DE L'EFFICACITE D'AERATION DU REACTEUR A JET AVEC D'AUTRES SYSTEMES D'AERATION. 141

IV-4-1- Evaluation de k_La_{20} en fonction de la puissance consommée par unité de volume 141

IV-4-2- L'apport spécifique brut ASB (kgO$_2$/kWh) 142

IV-5- CONCLUSION 143

CONCLUSION GENERALE ET PERSPECTIVES..147

NOTATION 149

REFERENCES BIBLIOGRAPHIES 157

ANNEXES 171

Liste des figures

Figure 1: Mouvement de recirculation de l'eau provoqué par les champs de bulles 29

Figure 2 : Dispositif expérimental utilisé par Ohkawa *et al* [1987] 41

Figure 3 : Dispositif expérimental utilisé par Laari *et al* [1997] 42

Figure 4 : Dispositif expérimental utilisé par Evans *et al.* (2001) 43

Figure 5 : Dispositif expérimental utilisé par Baylar and al. (2006) 44

Figure 6 : Schéma de l'installation 48

Figure 8: Distribution des temps de séjour- injection échelon 60

Figure 9: Distribution des temps de séjour- injection impulsion 60

Figure 10: Les signaux à l'entrée et à la sortie du Réacteur à Ecoulement Piston- injection impulsion 61

Figure 11: Les signaux à l'entrée et à la sortie du Réacteur Parfaitement Agité - injection impulsion 62

Figure 12 : Distribution des temps de séjour dans les divers types de réacteurs pour une injection impulsion 62

Figure 13 : Présence de zones mortes dans un réacteur réel 63

Figure 14 : Présence de court-circuit dans un réacteur 64

Figure 15 : Prise en compte de l'air contenu dans les tuyauteries 65

Figure 16 : Rétention gazeuse en fonction du débit de circulation 66

Figure 17 : La puissance dissipée en fonction du débit de circulation 67

Figure 18: Schéma modifié de l'installation pour ma mise en œuvre de la DTS 69

Figure 19: Les zones mortes dans le réacteur pour le débit de circulation Q_L=2,5 m³/h 70

Figure 20 : La disparation des zones mortes dans le réacteur pour le débit de circulation Q_L=5 m³/h 71

Figure 21 : courbe $E(t) = f(t)$ pour Q_e =0,18 m³/h Q_L =2,5 m³/h Q_L =5,5 m³/h 72

Figure 22 : Modèle des mélangeurs en cascades 73

Figure 23 : Modèle cascade de ROPA : Q_e=0,18 m³/h 76

Figure 24 : Modélisation d'un réacteur réel - Modèle de Cholette et Cloutier 77

Figure 25: Modèle ROPA avec zones mortes : Q_L=2,5 m3/h, Q_e=0,18 m3/h 79

Figure 26: Modèle ROPA avec zones mortes : Q_L =5,5 m³/h, Qe=0,18 m³/h 79

Figure 27 : Profil de concentration- modèle du double film 85

Figure 28: Profil de concentration- modèle de HIGBIE 86

Figure 29: Les conditions aux limites pour les concentrations du gaz 88

Figure 30: Evaluation de EA en fonction de Ha et de N_2- Diagrame de Van Krevelin et Hoftijzer (1948) 90

Figure 31 : Représentation de l'évolution de la concentration en oxygène dissous : réoxygénation de l'eau claire 94

Figure 32 : Conservation de la matière appliquée à l'oxygène. Méthode des bilans gazeux ... 96

Figure 33 : Evolution de la concentration d'oxygène dissous et de la concentration du sulfite de sodium dans la phase liquide 99

Figure 34 : Evolution de la concentration d'oxygène : méthode du peroxyde d'hydrogène .. 102

Figure 35 : Schéma de la forme du signal de concentration d'oxygène: la méthode de la réoxygénation des boues. C'* : la concentration d'équilibre 104

Figure 36 : Evolution de la concentration d'oxygène dissous en eau claire: méthode de gassing-out 107

Figure 37 : Calcul de k_La par la méthode de gassing-out 108

Figure 38 : Evaluation de k_La en fonction de Q_L: méthode de gassing-out 108

Figure 39 : Un exemple de variation de l'oxygène contenu dans le liquide et dans le gaz sortant du réacteur 110

Figure 40 : Evolution du rendement en fonction de Q_L: méthode du bilan gazeux 110

Figure 41 : Évolution de k_La_{20} en fonction de Q_L: méthode du bilan gazeux 111

Figure 42 : Evolution de la concentration de sulfite de sodium en fonction du temps pour différents débits de circulation: Méthode d'oxydation du sulfite. 112

Figure 43 : L'évaluation de k_La en fonction de Q_L: méthode chimique. 113

Figure 44 : Schéma du modèle homogène pour la phase gazeuse et la phase liquide............114

Figure 45: Profils des concentrations relatives en oxygène en phase gazeuse ($\overline{Y}$) et en phase liquide ($\overline{C}$) avec le potentiel de transfert ($\overline{Y} - \overline{C}$) pour différents valeurs de k_La pour un débit de Q_L= 5 m^3/h 117

Figure 46 : Agrandissement des profils des concentrations relatives en oxygène en phase gazeuse $(\overline{Y})$ pour différents valeurs de k_La pour les faibles valeurs du temps (conditions de la figure 45) 118

Figure 47 : Calcul K_La en minimisant la fonction R ($R = \sum (\overline{C}_{\text{mod}} - \overline{C}_{\text{exp}})^2$) Q_L= 5 m^3/h 118

Figure 48 : Evolution de l'oxygène dissous après sursaturation : méthode du peroxyde d'hydrogène. 121

Figure 49 : calcul de k_La' par la méthode de peroxyde d'hydrogène pour deux conditions opératoires : méthode du peroxyde d'hydrogène. 121

Figure 50 : Variation de k_La'20 en fonction de Q_L: Méthode du peroxyde d'hydrogène 122

Figure 51 : Evolution de la concentration d'oxygène dissous pour deux débits de circulation (3.5 et 4.5 m^3/h: méthode de la réoxygénation des boues. 123

Figure 52 : $\ln \left[\dfrac{(C* - C_{\max})}{(C* - C_t)} \right]$ = f(t) pour deux débits de circulation : méthode de la réoxygénation des boues...123

Figure 53 : Evolution de k_La'$_{20}$ en fonction de Q_L : méthode de la réoxygénation des boues. 124

Figure 54 : Comparaison de l'évolution de k_La en fonction de Q_L: obtenue par les 3 méthodes. Eau claire...125

Figure 55 : Comparaison de l'évolution de k_La en fonction de Q_L obtenue par les 2 méthodes. Présence de boues 127

Figure 56: k_La en eau claire et en boues par les méthodes de références 132

Figure 57 : Variation du facteur alpha en fonction de Q_G/Q_L 133

Figure 58 : Variation des performances du réacteur en eau claire en conditions standards ...136

Figure 59 : Variations de k_La', CO, ASB, RO en boues en conditions standards : T=20°C ; P=1 atm; concentration nulle en oxygène..138

Figure 60 : Variations de k_LaT', CO, ASB, RO en boues en conditions réelles : T; P; concentration non nulle en oxygène. 140

Figure 61 : Variation de k_La_{20} en fonction de la puissance dissipée par unité de volume en eau claire en conditions standards...141

Figure 62 : Comparaison k_La de notre réacteur avec celui d'autres réacteurs à jet rapportés dans les littératures 142

Liste de tableaux

Tableau 1 : Principales corrélations empiriques pour le calcul de k_La et la rétention en colonnes à bulles..39

Tableau 2 : Principales corrélations empiriques pour le calcul de la rétention gazeuse en colonnes à bulles..40

Tableau 3 : Valeurs de l'apport spécifique pour différents contacteurs gaz-liquide d'après ..45

Tableau 4: Dimensions de l'installation 47

Tableau 5 : Les valeurs expérimentales pour les différents paramètres- mesure la rétention gazeuse..65

Tableau 6 : La perte de charge et la puissance dissipée pour différents débits de circulation .66

Tableau 7: Conditions opératoires : méthode de gassing-out................................107

Tableau 8 : Valeurs de k_La : méthode de gassing-out..108

Tableau 9: Conditions opératoires : méthode des bilans gazeux.............................109

Tableau 10 : Valeurs de k_La_{20} : méthode du bilan gazeux.................................109

Tableau 11 : Conditions opératoires: méthode chimique. 111

Tableau 12 : Valeurs de k_La: méthode chimique...112

Tableau 13: Les constantes de système d'équation différentielles pour la manip de gassing out du débit 5 m^3/h..117

Tableau 14: Les conditions initiales du système d'équation différentielles pour l'essai de gassing out du débit 5 m^3/h...117

Tableau 15: comparaison des valeurs kla obtenue par la méthode de gassing-out et le modèle 119

Tableau 16: Conditions opératoires : méthode du peroxyde d'hydrogène..................120

Tableau 17 : Valeurs de $k_La'_{20}$: méthode du peroxyde d'hydrogène....................121

Tableau 18 : Conditions opératoires: méthode de la réoxygénation des boues............122

Tableau 19 : Valeurs de $k_La'_{20}$: méthode de la réoxygénation des boues..............124

Tableau 20 : Valeurs du facteur alpha 132

Tableau 21: les valeurs du facteur alpha pour différents systèmes d'aération 134

Tableau 22: paramètres caractérisant les performances du réacteur en eau claire en conditions standards..135

Tableau 23: paramètres de performance en boues dans les conditions (T=20°C, P=1atm, concentration nulle en oxygène)..138

Tableau 24: Les conditions opératoires en boues de chaque essai............................139

Tableau 25: paramètres en boues en conditions réelles de chaque essai....................140

Tableau 26: comparaison de l'ASB entre différents systèmes d'aération....................143

INTRODUCTION GENERALE

INTRODUCTION GENERALE

Les procédés de traitement par boues activées consistent à favoriser le développement de microorganismes agglomérés sous forme de flocs maintenus en suspension (culture libre) dans un bassin ou réacteur biologique alimenté en eaux usées à traiter. Ce bassin d'aération est l'élément clef d'une station de traitement des eaux en boues activées au sein duquel doivent être assurées la couverture des besoins en oxygène liés à la dégradation bactérienne aérobie et la maîtrise de la nitrification et de la dénitrification.

Les performances biologiques des réacteurs à cultures libres (boues activées) sont intimement liées à l'oxygénation qui dépend du contact entre les boues et l'oxygène. Ce contact quant à lui dépend du brassage et de l'aération. Un brassage efficace permet d'homogénéiser la boue dans le réacteur et d'éviter les dépôts. Une aération efficace doit permettre une fourniture suffisante en oxygène aux micro-organismes vivants en milieu aérobie, qui pourront alors dégrader la matière organique contenue dans les eaux usées.

Ces opérations de brassage et d'aération doivent être réalisées au moindre coût énergétique. Il est par ailleurs parfaitement établi que l'obtention de hautes performances résulte des interactions entre les processus biologiques et les transferts de matière et de chaleur au sein du bioréacteur.

Un bassin d'aération est performant s'il présente des caractéristiques de transfert de matière élevées et une dépense énergétique faible. Ceci se traduit par un Apport Spécifique Brut (ASB) élevé. Nous essayons de montrer à travers cette étude que le réacteur à jet vertical que nous étudions répond à ce critère.

L'originalité de notre contacteur réside dans la présence d'un jet de liquide continu assurant l'entraînement et la dispersion d'une phase gazeuse sous forme de bulles. Une seule pompe assure d'une part la recirculation du liquide et son agitation et d'autre part l'aspiration du gaz par le jet de liquide à travers une buse.

Cette étude fait suite à la thèse de Dabaliz (2002) qui a permis de dégager les premières informations concernant ce réacteur en termes de géométrie et de transfert de matière. Une géométrie optimale a été obtenue et une étude de transfert de matière a été effectuée en utilisant une seule méthode et seulement en eau claire. Dans l'étude présentée dans ce mémoire, plusieurs méthodes ont été utilisées pour déterminer le coefficient de transfert de matière non seulement en eau claire mais aussi en boue. Ce qui permet d'évaluer les performances du réacteur pour les deux milieux. L'étude de ces performances représente l'objectif principal de ce travail. L'étude de l'hydrodynamique du réacteur à jet en eau claire et en présence de l'aération a aussi été effectuée car c'est un préalable indispensable pour la réalisation de cet objectif.

Ce document est donc organisé en quatre chapitres :

- Le premier concerne évidement l'étude bibliographique dans laquelle sont décrits les différents systèmes d'aération utilisés dans les stations d'épuration et les différents contacteurs gaz-liquide à bulles pour situer notre réacteur à jet par rapport à l'existant. Les principaux travaux concernant les paramètres hydrodynamiques ainsi que le transfert de matière de ces contacteurs sont rappelés. Le dispositif expérimental mis en œuvre dans cette étude est décrit en fin de ce chapitre.

- Le chapitre II rappelle brièvement la notion de distribution des temps de séjour et sa modélisation. Il présente les résultats expérimentaux concernant les paramètres hydrodynamiques du réacteur à jet comme la rétention, la puissance consommée et la caractérisation des écoulements.

- Au début du chapitre III, la théorie du transfert de matière est rappelée suivie des différentes méthodes citées dans la littérature permettant de déterminer le coefficient de transfert de matière k_La. Les résultats expérimentaux concernant ce paramètre sont présentés avec l'utilisation de cinq méthodes différentes en eau claire et en présence de boues. La comparaison des résultats issus de ces méthodes clos ce chapitre.

- Le dernier chapitre ou chapitre IV traite des performances du réacteur en eau claire et en boues. Les résultats sont confrontés à ceux obtenus dans d'autres contacteurs assurant la même fonction en l'occurrence l'aération des liquides.

14

La fin du mémoire rassemble les principaux résultats obtenus sous forme de conclusion et dans laquelle de nouvelles voies d'investigations sont proposées.

CHAPITRE I :

SYNTHESE BIBLIOGRAPHIQUE ET DISPOSITIF EXPERIMANTAL

CHAPITRE I : SYNTHESE BIBLIOGRAPHIQUE ET DISPOSITIF EXPERIMENTAL

I-1- INTRODUCTION :

Les rejets des eaux résiduaires ont fortement évolué en quantité et en qualité depuis quelques décennies. En fournissant des solutions efficaces pour le traitement des eaux usées, Les procédés de traitement par boues activées jouent un rôle important dans le fait de rendre l'eau propre à sa source. Ces procédés consistent à favoriser le développement de microorganismes agglomérés sous forme de flocs maintenus en suspension (culture libre) dans un bassin, ou réacteur biologique alimenté en eaux usées à traiter.

Les stations de traitement de l'eau apparaissent souvent comme des systèmes complexes de cuves, tuyauteries, pompes, compresseurs, mélangeurs, dans lesquels s'écoule un liquide dont les caractéristiques sont en fluctuation permanente. L'élément clef de ces systèmes est le ou les réacteurs de traitement. Ils sont constitués le plus souvent par une cuve agitée ou non dans le cas des « cultures libres » (boues activées) : bassin d'aération, chenal d'activation ... Dans le cas de cultures fixées, ils peuvent avoir d'autres formes : lit fixe noyé (biofiltre) ou non (lit bactérien), ou disques en rotation en partie noyés (biodisques). Dans le cas des traitements biologiques, ces réacteurs doivent mettre en contact la boue, qui contient les micro-organismes, et les substances à dégrader et assurer la couverture des besoins en oxygène liés à la dégradation bactérienne aérobie et la maîtrise de la nitrification et de la dénitrification. Ce poste représente, dans une installation normalement chargée, 60 à 80 % de la dépense énergétique totale de fonctionnement, cette dernière étant usuellement considérée comme constituant le tiers du coût total de fonctionnement.

Les performances biologiques des réacteurs à cultures libres (boues activées) sont intimement liées aux conditions d'échange entre le substrat, la biomasse active et l'oxygène fourni au milieu. Une conception rigoureuse du bassin d'aération, au travers des installations de brassage et d'aération notamment, est donc primordiale. Un brassage de bonne qualité permet d'homogénéiser la boue dans le réacteur, d'éviter les dépôts et donc de limiter le risque de développement d'organismes filamenteux. Ces derniers influeraient de façon négative sur la qualité de l'effluent traité (problèmes de décantation dans le clarificateur). Il assure (un brassage) également un mélange efficace des différents fluides (effluent à traiter, boues recirculées, liqueur mixte). Enfin, il contribue au micromélange de la boue et donc à la mise en contact de la biomasse active avec le substrat, les divers nutriments et l'oxygène dissous introduit. Il permet éventuellement la remise en suspension rapide de la boue décantée après arrêt du système d'agitation. L'aération doit permettre la fourniture en oxygène aux micro-organismes vivant en milieu aérobie, qui pourront alors dégrader la matière organique (pollution carbonée) contenue dans les eaux usées. Ces opérations de brassage et d'aération doivent être réalisées au moindre coût énergétique. En ce sens, la connaissance de l'hydrodynamique des bassins d'aération, et en particulier de son influence sur l'efficacité d'oxygénation est un moyen pour répondre à cet impératif économique.

I-2- STATION D'EPURATION :

Une station d'épuration est une usine qui nettoie les eaux usées et les eaux pluviales par des procédés physiques, chimiques ou biologiques. Constituée d'une succession de dispositifs où l'eau est progressivement débarrassée de ses substances polluantes, la station rejette au final dans la nature une eau propre mais non potable. Les résidus de traitement sont récupérés sous forme de boues, puis utilisées comme engrais agricole.

I-2-1- Etapes classiques de traitement des eaux usées :

Dans une station d'épuration, les étapes de traitement dépendent du degré et du type d'eaux à traiter. Il existe en général deux étapes principales:

<u>Le traitement primaire</u> : D'abord, les matières grossières des eaux sont séparées par dégrillage, puis un dessablage et déshuilage-dégraissage sont effectués dans un bassin où les sables décantent et les graisses sont séparées par flottation. Ces opération produisent la boue primaire qui comptent pour 50-70% des MES des eaux usées (Murillo, 2004).

<u>Le traitement secondaire</u> : Selon le type des matières restantes, ces dernières peuvent subir soit un traitement biologique par des micro-organismes (aérobie ou anaérobie) pour les matières biodégradables, soit un traitement physico-chimique par des composés chimiques, qui provoquent oxydation, décantation et filtration.

Presque toutes les stations d'épuration comportent un traitement biologique, au cours duquel des micro-organismes dégradent les matières organiques, azotées et phosphorées constituant la charge polluante des eaux usées. Le plus souvent, les effluents urbains sont acheminés vers un bassin où prolifèrent ces organismes microscopiques sous forme de boues activées.

Pour agir, les boues activées consomment de l'oxygène. Il faut donc veiller à les aérer convenablement.

I-2-2- La Méthode aérobie de traitement de la matière organique :

Le principal processus biologique se produit dans le traitement secondaire d'une station d'épuration. Les boues activées représentent le procédé biologique le plus utilisé dans le traitement des eaux résiduaires biodégradables. Le parc français, par exemple, compte plus de 10 000 stations, dont plus de 60% font appel au procédé des boues activées.

Le traitement biologique à boues activées consiste en un transfert de la pollution d'une phase liquide vers une phase solide concentrée (les boues) en présence d'oxygène et de boues activées. Ces dernières se développent à partir des matières organiques biodégradables apportées par les eaux usées transformées en corps bactériens. Dans ce traitement, une quantité d'oxygène doit être fournie, apportée par un système d'aération, aux micro-organismes et aux eaux usées pour [Dorado F. et al. 2001] :

- Oxyder, par les micro-organismes, les substrats organiques (Demande biologique en oxygène DBO) et l'azote non oxydé (l'azote de Kjeldahl total) contenu dans les eaux usées. L'énergie obtenue dans le processus est utilisée pour former de nouveaux micro-organismes.
- Oxyder les composés inorganiques réduits dans les eaux usées (Demande chimique en oxygène DCO).

I-3- LES DIFFÉRENTS SYSTÈMES D'AÉRATION :

Les systèmes d'aération les plus fréquemment utilisés dans les traitements biologiques aérobies peuvent se résumer de la façon suivante :
- insufflation des bulles d'air avec agitation mécanique
- aération de surface.
- insufflation des bulles d'air en ascension libre

Il est à noter que la surface d'échange est importante pour le transfert d'oxygène et est fonction du diamètre des bulles.

19

I-3-1- Aération de surface :

Ces systèmes utilisent une lame pour agiter la surface du réacteur et disperser l'air dans la phase liquide, produisant une turbulence à la surface et à l'intérieur du système. Les aérateurs de surface se divisent en trois groupes:

I-3-1-a- Les aérateurs à vitesse lente à axe vertical :

Leur avantage réside dans leur simplicité d'installation, leur rendement énergétique ou encore leurs possibilités de brassage. Toutefois ils souffrent de leur manque de souplesse d'utilisation mêmes s'ils sont encore largement utilisés. Ils aspirent l'eau par leur base et la rejettent latéralement.

Les turbines lentes sont installées au centre de leur zone d'action et en général dans des petites installations. Les coefficients de transfert en eau claire s'étendent de 3,5 à 10 h^{-1}, ce qui correspond à des capacités d'oxygénation de l'ordre de 30 à 80 $g.m^{-3}.h^{-1}$ pour des puissances spécifiques comprise entre 20 et 60 $W.m^{-3}$ [Roustan, 2003]. Leur apport spécifique brut standard est de 1,50 $kgO_2.kWh^{-1}$ en moyenne [Duchene et Heduit, 1996]. Ces grandeurs sont définies au paragraphe I.4.1

I-3-1-b- Les aérateurs à vitesse lente à axe horizontal :

Connus aussi sous le nom de brosses ils sont à axe horizontal et vitesse lente. Une brosse se compose d'un arbre horizontal tournant sur lui-même par l'intermédiaire d'un motoréducteur. Sur cet arbre sont montées des pales totalement ou partiellement immergées. Les valeurs du coefficient volumétrique de transfert d'oxygène k_La_{20}, les capacités d'oxygénation standards de même que les apports spécifiques standards bruts sont similaires à ceux des aérateurs à vitesse lente à axe vertical. A titre d'exemple l'apport spécifique brut standard pour un diamètre de brosse d'environ 1m et une hauteur d'eau inférieure à 3,5 m est de 1,55 $kgO_2.kWh^{-1}$ [Duchene et Heduit, 1996]. Les brosses de petit diamètre 0.70 à 0.80 m sont en général moins performantes que les brosses de grand diamètre (1,00 à 1,05 m). Il est évident que la hauteur d'eau joue un rôle dans un tel système. Lorsque celle-ci dépasse 3,5 m un système de brassage mécanique est ajouté afin d'augmenter les performances. Ce brassage mécanique est aussi intéressant lorsque on utilise des eaux industrielles qui risquent de colmater les diffuseurs ou en présence de tensio-actifs.

I-3-1-c- Les aérateurs à vitesse rapide :

Ces systèmes peuvent être fixes ou bien flottants et présentent un montage à axe vertical. Ils sont constitués par une hélice entrainée directement par un moteur et généralement placée à l'intérieur d'une cheminée de faible diamètre. Par le fait que ces systèmes peuvent être flottants ils sont souvent utilisés dans des cuves à niveau variable. Ils sont par contre moins performants que les aérateurs de surface à vitesse lente, les coefficients de transfert $k_L a_{20}$ en eau claire s'étendent de 2 à 8 h^{-1}, ce qui correspond approximativement à des capacités d'oxygénation de l'ordre de 20 à 70 $g.m^{-3}.h^{-1}$ pour les mêmes puissances spécifiques (entre 20 et 60 $W.m^{-3}$). Leur apport spécifique brut standard est de 1,05 $kgO_2.kWh^{-1}$ [Roustan, 2003].

I-3-2- Aération par insufflation d'air

L'aération de surface a connu son époque, aujourd'hui la mode est aux diffuseurs c'est à dire une insufflation d'air. Plus les bassins sont profonds, moins les besoins en air sont importants ce qui réduit les émissions gazeuses et par conséquent le poste de désodorisation. On distingue l'insufflation par agitation mécanique ou seulement en ascension libre.

I-3-2-a Insufflation des bulles d'air avec agitation mécanique :

Dans ces systèmes l'insufflation d'air jouant le rôle d'aération est couplée à une agitation mécanique par des agitateurs séparés jouant quant à elle le rôle de brassage. Un brassage de bonne qualité permet d'homogénéiser la boue dans le réacteur et d'éviter les dépôts. Il assure également un mélange efficace des différents fluides (effluent à traiter, boues recirculées..), et contribue à la mise en contact entre la phase liquide et l'oxygène dissous introduit. En dehors de l'augmentation de l'efficacité, l'avantage d'un tel système est d'assurer le mélange de boues et des eaux usées pendant l'arrêt de l'aération. On utilise généralement comme agitateurs des disques à pales planes avec des rapports hauteur liquide/distance entre l'agitateur et le fond voisins de 3.

Le brassage mécanique provoqué par les agitateurs augmente considérablement le temps de séjour des bulles, le coefficient de transfert k_L et l'aire interfaciale a en fractionnant les grosses bulles. Ces systèmes donnent de meilleurs résultats lorsqu'une grande vitesse de transfert est recherchée. Ils sont installés soit en chenaux soit en bassins cylindriques.

Les rendements d'oxygénation standards spécifiques sont généralement compris entre 4 et 7% par mètre d'immersion et dépendent fortement des conditions locales : débit d'air spécifique, forme du bassin, hauteur d'eau, vitesse d'agitation et caractéristiques des diffuseurs et leur disposition [Roustan, 2003]. Leur apport spécifique brut standard est de 3,1 $kgO_2.kWh^{-1}$ pour des configurations cylindriques et entre 1,95 et 3.4 $kgO_2.kWh^{-1}$ en fonction de la taille des chenaux pour une installation en chenaux. [Duchene *et al*, 2000].

I-3-2-b Insufflation des bulles d'air en ascension libre :

Remarque :

Contrairement à l'agitation mécanique et à l'aération de surface, l'étude de l'insufflation des bulles d'air en ascension libre est plus détaillée car ce système est proche de notre dispositif expérimental : l'aérateur à jet.

Théorie :

L'insufflation des bulles d'air se fait à travers une buse (de diffuseur et non de jet). Cette buse peut fonctionner, en fonction du nombre de Reynolds dans la buse en régime bulle à bulle ou en régime de jet. Dans le premier cas, c'est-à-dire un nombre de Reynolds dans la buse très faible, le diamètre de la bulle est donnée en fonction du diamètre de la buse d_{buse} et des caractéristiques du liquide par l'expression [Roques, 1980] :

$$d_b = \left[\frac{6 d_{Buse}\,\sigma}{g\left(\rho_l - \rho_g\right)} \right]^{\frac{1}{3}} \qquad \text{Eq. 1}$$

avec :

σ : Tension interfaciale gaz-liquide.

ρ_l et ρ_g : masse volumique du liquide et du gaz respectivement.

g : accélération de la pesanteur.

Dans le cas d'une dispersion (de l'air) dans l'eau pure on obtient la relation suivante :

$$d_b = 3.3\ 10^{-1}\ (d_{Buse})^{1/3} \qquad \text{Eq. 2}$$

Ainsi pour une bulle (petite) de 0.5 mm de diamètre correspond une buse de 50 µm de diamètre qui est la limite du matériel d'usage courant et descendre en dessous de 0,5 mm est pratiquement impossible sachant que le diamètre des bulles varie comme la racine cubique du diamètre de la buse.

D'autant plus qu'en réalité il faut tenir compte de la présence de polluants et en particulier les tensio-actifs qui peuvent faire varier la tension interfaciale et donc la surface des bulles (formées par le diffuseur).

Concernant les débits de gaz élevés (nombre de Reynolds supérieur à 2000) qui correspondent au régime de jet, le diamètre des bulles varie selon l'expression ci-dessous :

$$d_b = Cte.[Q_G]^n \qquad \text{Eq. 3}$$

avec :

Q_G: débit d'air dans la buse

n : coefficient dépendant du type de buse

Le rendement de transfert d'oxygène dépend non seulement de la taille des bulles mais aussi de la profondeur d'immersion des buses. Cette profondeur varie généralement de 2.5 m à 4 m.

Dans ces conditions les rendements sont très faibles de l'ordre de 4 à 20 % de l'air injecté. Autrement dit 96 à 99% de l'air injecté ne sert qu'à l'agitation de la couche du liquide traversée. Différents dispositifs d'aération par air surpressé sont décrits dans le paragraphe ci-après.

Technologie :

Ces systèmes d'aération utilisent des compresseurs pour injecter l'air (ou l'oxygène) sous forme de bulles grossières ou fines au-dessous de la surface liquide. Ces bulles sont obtenues en utilisant des tubes perforées et d'autres systèmes semblables.

- Les tubes perforés, assemblés généralement en grilles ont le mérite de la simplicité et de la fiabilité et ne nécessitent qu'un entretien réduit. Mais avec ce type d'injecteurs on ne peut produire que des bulles relativement grosses, ce qui donne des rendements en transfert relativement bas, de l'ordre de 4 à 6 % et un apport spécifique net ASN de l'ordre de 1 à 2 $kgO_2.kWh^{-1}$ [Roques, 1980].

- L'injection de l'air à travers un élément poreux permet de produire des petites bulles. Les poreux utilisés sont en général constitués de matériaux silico-alumineux ou de métaux frittés et présentent des porosités moyennes entre le dixième de millimètre (0,1 mm) et quelques dizaines de microns (0,001mm).

I-4- PERFORMANCES DES SYSTEMES D'AERATION :

Pour assumer les réactions biologiques, les micro-organismes ont besoin d'oxygène. La réaération se produisant naturellement (par exemple l'action des ondes à la surface de bassin) est généralement insuffisante pour satisfaire la demande d'oxygène, elle fournit un mélange insuffisant pour assurer un contact renouvelé entre le milieu vivant, les éléments polluants et l'eau ainsi oxygénée.

Dans la majorité des stations de traitement biologique des eaux usées un système d'aération est un processus essentiel pour apporter l'oxygène nécessaire aux micro-organismes et provoquer une homogénéisation et un brassage suffisants de façon à assurer un contact intime entre le milieu vivant, les éléments polluants et l'eau ainsi oxygénée. Il représente 60 à 80 % des dépenses énergétiques de ce type de station d'épuration. Optimiser ce poste permettrait de faire des économies, de l'ordre de 10 à 20 %, sur le coût total du fonctionnement de la station.

Les performances de l'aération doivent être connues et optimisées pour pouvoir fournir un équipement permettant d'atteindre les objectifs de traitement préalablement fixés et ce au coût le plus bas. Les caractéristiques de ces performances sont mesurées en eau claire dans les conditions standards et en boues activées dans les conditions réelles d'opération. Les résultats sont interprétés et comparées avec celles d'autres réacteurs de différents moyens d'aération.

I-4-1- Caractéristique des équipements d'aération en eau claire dans les conditions standards :

L'efficacité du transfert d'oxygène dans un bassin d'aération est mesurée à l'aide de paramètres définis dans l'ouvrage du Conseil Technique du Génie Rural des Eaux et Forêt [CTGREF 1980]. Ces paramètres, donnés par les fournisseurs, sont mesurés dans les conditions standards : Eau claire, concentration nulle en oxygène, température de référence (20°C ou 10 °C) et pression atmosphérique.

<u>I-4-1-a - Capacité d'oxygénation (kg O_2.h^{-1}.m^{-3}) :</u>

La quantité d'oxygène dissous par heure et par m^3

$$CO = k_L a . C_S . 10^{-3} \qquad\qquad \text{Eq. 4}$$

$k_L a$: Coefficient volumique de transfert de matière (1/h)

C_S : Concentration de saturation en eau claire (mg/l)

I-4-1-b- Apport horaire AH (kg O_2.h^{-1}) :

La quantité d'oxygène dissous par heure pour tout le bassin

$$AH = k_L a.V.C_S.10^{-3}$$ Eq. 5

V : volume d'eau du bassin d'aération (m^3)

I-4-1-c- Apport spécifique brut ASB (kg O_2.kWh^{-1}) :

La quantité d'oxygène dissous par heure par 1 kilowatt de puissance brute pour tout le bassin.

$$ASB = \frac{AH}{P_B}$$ Eq. 6

P_B (kW): puissance brute nécessaire à l'aspiration de 1 m^3/h de gaz.

L'ASB est le paramètre le plus important car il tient compte non seulement de l'efficacité du transfert par le terme $k_L a$ mais en même temps de l'énergie consommée ce qui nous permet de faire la comparaison de l'efficacité de traitement de différents aérateurs.

I-4-1-d- Apport spécifique net A.S.N (kg O_2.kWh^{-1}) :

Quantité d'oxygène dissous par 1 kilowatt de puissance nette (P_N) mesurée sur l'arbre de l'agitateur

$$ASB = \frac{AH}{P_N}$$ Eq. 7

I-4-1-e- Rendement total d'oxygénation RO (%) :

L'efficacité des systèmes d'aération par insufflation d'air fait l'objet d'accords commerciaux entre fournisseurs et ensembliers sur la base du rendement de transfert d'oxygène de l'air dans les conditions standards. Le rendement d'oxygénation est le pourcentage de la masse d'oxygène qui a été dissous par rapport à la masse d'oxygène insufflé dans le bassin.

$$RO = \frac{AH * 100}{Qair * \%_{massiqueO_2/air}}$$ Eq. 8

I-4-1-f- Rendement d'oxygénation spécifique ROS :

Le pourcentage de la masse d'oxygène effectivement dissous par rapport à la masse d'oxygène insufflé par hauteur H_l (m) d'immersion des diffuseurs.

$$ROS = \frac{RO}{H_l}$$ Eq. 9

Q_{air} est exprimé en $Nm^3.h^{-1}$, Il en est de même pour le pourcentage massique d'oxygène dans l'air. Il est de $0,300 kg/Nm^3$ d'air.

Remarque : Tous ces paramètres sont fonction du coefficient volumétrique de transfert de matière k_La. Paramètre très important dans le dimensionnement et le calcul de l'efficacité des contacteurs gaz-liquide en général.

I-4-2- Caractéristique des équipements d'aération en condition réelles :

L'effet de la contamination sur la performance d'aération se traduit par le facteur alpha ($\alpha = k_La'/k_La$ le rapport de k_La en conditions réelles sur k_La en eau claire) et le facteur Beta ($\beta = C'_s/C_s$: le rapport de la concentration de saturation de l'oxygène pour la boue sur la concentration de saturation de l'oxygène pour l'eau). La capacité d'oxygénation peut être calculée en condition réelles après avoir corrigé k_La, Cs, et T par la relation suivante :

$$CO = 10^{-3}\alpha.k_La_{Tref}.(\beta C_S - C_L)\theta^{(T-Tref)}$$ Eq. 10

$\beta = C'_s/C_s = 0,97$ à $0,98$ (donc négligeable).

26

C_L: concentration en oxygène dans le milieu (mg/l)

$\theta = 1,024$

T : température réelle (°C)

T_{ref} : température de référence (20°C ou 10 °C)

I-4-3- Perte de charge et consommation d'énergie

La connaissance de la perte de charge (subie par le liquide ou par le gaz) d'un bassin d'aération nous permet d'estimer la consommation énergétique associée au poste d'aération. La puissance dissipée (P_B/V_L) constitue un réel critère de comparaison entre les différents réacteurs gaz-liquide. Dans le cas des distributeurs de gaz, la puissance dissipée peut être liée à la perte de charge totale comme suit :

$$\frac{P_B}{V_L} = Q_G \ \frac{\Delta P_{totale}}{V_L} = Q_G \ \frac{(\rho_L \ g \ H_L + \Delta P)}{V_L}$$ Eq. 11

P_B : Puissance dissipée (W),
Q_G : Débit du gaz (m³/s),
g : Accélération de la pesanteur (N/kg),
H_L: Hauteur d'immersion des diffuseurs (m),
V_L : Volume du liquide,
ρ_L : Masse volumique du liquide (kg/m³),
ΔP : Perte de charge aux bornes du distributeur (Pa),
ΔP_{totale} : Perte de charge totale (Pa).

La perte de charge totale (ΔP_{totale}) est une fonction de la hauteur d'eau ($\rho_L.g.H_L$) et de la perte de charge aux bornes du distributeur (ΔP) qui augmente avec la vitesse de gaz au travers de l'orifice.

I-5- PARAMETRES INFLUENÇANT LE TRANSFERT D'OXYGENE DANS LES BASSINS D'AERATION

Selon certains auteurs (Duchène et Cotteux, 2002 ; Mueller *et al.*, 2002 ; Héduit *et al.*, 2003 ; Gillot et Héduit, 2004), les principaux paramètres influençant des performances des systèmes d'insufflation d'air en fines bulles sont les suivants :

- le débit d'air ;
- la disposition et la densité des diffuseurs ;
- la hauteur d'immersion des diffuseurs ;
- la vitesse horizontale de circulation de l'eau.

I-5-1- Le débit d'air

En eau claire, Da Silva - Déronzier (1994), Gillot et Héduit (2000 et 2004) remarquent une diminution du rendement d'oxygénation lorsque le débit d'air par diffuseur augmente. Cette diminution du rendement d'oxygénation avec l'augmentation du débit d'air peut s'expliquer par l'augmentation de la taille des bulles et la diminution du temps de contact des bulles. (Sachant que l'augmentation de la taille des bulles induit une augmentation de leur vitesse d'ascension). En effet ces deux paramètres ont pour effet de diminuer l'aire interfaciale d'échange et donc le coefficient global de transfert.

I-5-1-a- Augmentation de la taille des bulles due à l'augmentation de l'ouverture de pores

En dehors du régime hydrodynamique la taille des bulles dépend fortement du type de distributeur. Pour les diffuseurs poreux, la taille des bulles produites par les diffuseurs dépend que faiblement du débit gazeux. Les diffuseurs étant rigides, les pores sont de taille fixe. Pour les membranes souples, généralement rencontrées dans les bassins d'aération, l'augmentation de la taille des bulles avec l'augmentation du débit gazeux est beaucoup plus importante du fait de l'augmentation de l'ouverture des pores (Painmanakul *et al.*,2004). Hébrard *et al.*, (1996) trouvent que pour une membrane souple donnée, le diamètre des bulles d'air formées au niveau du diffuseur évolue de façon logarithmique en fonction du débit de gaz. Aucune corrélation générale ne permet d'obtenir une taille de bulle en fonction du débit de gaz injecté, la nature physique des membranes (élasticité, taille des perforations, nombre de perforations par m2 de surface) variant d'une membrane à l'autre et au cours du temps.

I-5-1-b- Diminution du temps de contact air eau

Une diminution du temps de contact des bulles d'air dans l'eau peut être due à l'augmentation des mouvements de circulation verticaux de l'eau appelés : spiral flows (Figure 1). En effet, le mouvement ascendant des bulles d'air entraîne l'eau vers la surface qui redescend ensuite vers le fond du bassin. On distingue trois sortes de spiral-flows :

- les grands spiral-flows : Ils se produisent entre les rampes ou raquettes de diffuseur
- les petits spiral-flows :Ils se produisent entre diffuseurs
- les micro spiral-flows : Ils interviennent entre orifices des diffuseurs (entre les bulles)

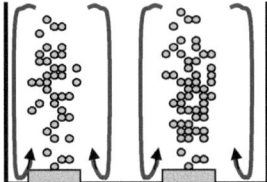

Figure 1: Mouvement de recirculation de l'eau provoqué par les champs de bulles

I-5-2- La disposition et le nombre des diffuseurs

Les performances d'oxygénation sont aussi influencées par la disposition et la densité des diffuseurs. D'après ASCE (1992) les performances d'oxygénation sont plus élevées lorsque les diffuseurs sont placés au fond que lorsqu'ils sont placés le long de la paroi du bassin. Ceci s'explique par le fait que les « spiral flows » sont moins importants. De même le nombre de diffuseurs par unité de surface de bassin, induit une augmentation du transfert d'oxygène, pour un débit d'air donné.

I-5-3- La hauteur d'immersion des diffuseurs

Il est important d'étudier l'impact de la hauteur d'immersion des diffuseurs sur le rendement d'oxygénation spécifique avec la profondeur. En effet les bassins de grande profondeur ont tendance à se développer car ils permettent de réduire la surface au sol. Les principaux résultats publiés concernant l'impact de la hauteur d'immersion des diffuseurs en eau claire mettent en évidence, à débit d'air constant, une diminution du rendement d'oxygénation spécifique avec la profondeur. La diminution du rendement d'oxygénation par mètre d'immersion serait principalement influencée par l'appauvrissement en oxygène et par l'augmentation de la taille de bulle par variation de la pression hydrostatique (Fayolle 2006).

I-6- LES FACTEURS DE FONCTIONNEMENT INFLUENÇANT LE TRANSFERT D'OXYGENE

L'influence des facteurs de fonctionnement d'une station d'épuration sur le transfert d'oxygène est difficile à évaluer, car les différents paramètres étudiés sont très liés entre eux, ils sont spécifiques au site testé et fluctuent dans le temps et dans l'espace.

Dans son travail de thèse S. Gillot (1997) fait une étude bibliographique assez complète sur l'influence de ces facteurs sur le transfert de l'oxygène. Nous reprenons dans ce paragraphe ses principales conclusions.

Par facteurs de fonctionnement nous entendons les paramètres suivants : La charge, La teneur en matières en suspension (MES), la respiration des boues et la composition de l'eau.

I-6-1- Charge :

On distingue :

- La charge massique : charge polluante reçue par jour par unité de masse biologique active, exprimée en kg de DBO_5 par kg de MES par jour,
- La charge volumique : charge polluante reçue par jour par volume de bassin d'aération active, exprimée en kg de DBO_5 par m^3 par jour,
- L'âge des boues : rapport de la masse de boues présente dans le réacteur sur la masse de boues extraites par jour.

D'après EPA (1989) cité par Gillot (1997) les résultats d'essais effectués sur sites réels ne permettent pas de conclure à une influence particulière de la charge massique sur le transfert d'oxygène. Il semble cependant que le facteur alpha soit plus élevé lorsque la charge est faible. Par contre aucune relation n'est observée entre la charge volumique ou l'âge des boues et le facteur alpha d'après les travaux Steinmetz (1994) mentionnés par Gillot (1997). La charge reçue par la station d'épuration ne semble donc pas influencer directement le transfert d'oxygène mais se superpose à d'autres facteurs comme la composition de l'eau ou son degré de traitement.

I-6-2- Teneur en matières en suspension (MES)

Les travaux concernant le teneur en MES supposent que les MES peuvent s'accumuler à la surface des bulles d'air obstruant ainsi une partie de l'aire interfaciale gaz-liquide et diminuant donc le transfert d'oxygène et par conséquence le facteur alpha.

I-6-3- Respiration des boues

La respiration des boues est l'un des facteurs les plus controversé. Non seulement sa mesure n'est pas toujours fiable mais en plus il est difficile de la faire varier indépendamment d'autres paramètres. Dans sa synthèse Gillot (1997) donne la même conclusion que pour la charge c'est-à-dire pas d'influence mais liaison avec d'autres facteurs (composition de l'eau et son degré de traitement).

I-6-4- Composition de l'eau :

Contrairement à la charge et la respiration des boues, la composition de la liqueur mixte semble influencer considérablement le transfert d'oxygène : la salinité réduisant la fréquence de coalescence des bulles d'air accroît le transfert.

Notons le cas particulier des substances tensioactives qui diminuent en général le coefficient de transfert global (k_La') par augmentation de la résistance au transfert et par diminution du renouvellement de l'interface gaz-liquide.

I-7- APPLICATION A UNE AERATION PAR INSUFFLATION D'AIR

Quel que soit le moyen utilisé pour la production des bulles, le calcul du transfert d'oxygène, en régime transitoire dans un bassin parfaitement mélangé, se ramène à l'expression suivante :

$$\frac{dC}{dt} = k_L\, a \left(C_S - C\right) \qquad \text{Eq. 12}$$

avec :

$\dfrac{dC}{dt}$ = variation de la concentration en oxygène dissous en fonction du temps,

a = aire interfaciale exprimée en m^2 de surface d'échange développée par m^3 d'eau à aérer,

C_S = concentration en oxygène dissous qui serait en équilibre de saturation,

C = concentration à réaliser dans le bassin d'aération,

k_L = coefficient de transfert de matière côté liquide.

Le terme k_La est fonction :

- du diamètre des bulles, donc du dispositif d'aération,
- du débit d'air par unité de volume du liquide,

- de la turbulence du milieu,

- des caractéristiques de la phase liquide (Température, composition etc.).

A 20 °C avec de l'eau pure et des bulles d'environ 5 mm de diamètre à répartition uniforme sur le fond, [Roustan *et al*, 1975] obtiennent l'expression suivante :

$$k_L a = Cte \ U_G \qquad \qquad \text{Eq. 13}$$

U_G est la vitesse en fût vide. Quand elle est exprimée en m/h et $k_L a$ en mn^{-1}, la constante est égale à 0.02.

A cette vitesse correspond une puissance dissipée par unité de volume qui est égale au produit de la force de traînée s'exerçant sur la bulle par sa vitesse.

Cette force de trainée est égale à la différence de la poussée d'Archimède s'exerçant sur la bulle et le poids de la bulle. En négligeant ce dernier devant la poussée d'Archimède et en considérant un volume moyen de bulle mesuré à mi-hauteur de leur trajet, on obtient la relation suivante :

$$\frac{P}{V} = \frac{Q_G}{V} \left[\frac{10.2}{\dfrac{H_L}{2} + 10.2} \right] \rho_l \ g \ H_L \qquad \qquad \text{Eq. 14}$$

P étant la puissance dissipée dans le bassin qui est une fonction de la puissance consommée par le compresseur (P_C) compte tenu de la perte de charge dans les buses et le rendement mécanique du compresseur.

En appelant η le rapport $\dfrac{P_C}{P}$ il vient :

$$\frac{P_C}{V} = \frac{Q_G}{V} \left[\frac{10.2}{\dfrac{H_L}{2} + 10.2} \right] \rho_l \ g \ H_L \ \eta \qquad \qquad \text{Eq. 15}$$

[Roustan *et al,* 1975] pour un rendement de 1.4, obtiennent la relation suivante :

$$\frac{P_C}{V} = 3.88\,10^{-3}\,U_G \qquad\qquad \text{Eq. 16}$$

d'où :

$$k_L a = 5.15\left(\frac{P_C}{V}\right) \qquad\qquad \text{Eq. 17}$$

De même l'apport spécifique étant égale à :

$$AS = \frac{k_L a\,(C_S - C)}{P_C} \qquad\qquad \text{Eq. 18}$$

soit :

$$AS = \frac{\dfrac{dC}{dt}}{P_C} \qquad\qquad \text{Eq.19}$$

d'où :

$$AS = 0,309\,(C_S - C) \qquad\qquad \text{Eq. 20}$$

Si on exprime AS en kgO_2kwh^{-1} et les concentrations en mg/L.,

Ces expressions de AS et $k_L a$ seront utilisées pour comparer ces résultats aux nôtres.

I-8- ASPECT THEORIQUE DE LA GENERATION DES BULLES :

I-8-1- Diamètre et taille des bulles :

La connaissance du diamètre des bulles est importante car l'aire interfaciale spécifique *a* peut être calculée en fonction du diamètre de Sauter et de la rétention gazeuse, ce qui permet de prédire et dimensionner correctement le bassin d'aération.

$$a = \frac{6\varepsilon_G}{d_{bs}(1 - \varepsilon_G)} \qquad\qquad \text{Eq. 21}$$

où d_{bs} le diamètre moyen de Sauter défini de la façon suivante

$$d_{bs} = \frac{\sum_i n_i d_{bi}^3}{\sum_i n_i d_{bi}^2}$$

Eq. 22

avec d_{bi} : diamètre équivalent d'une bulle i (mm) et ni : nombre de bulles de diamètre d_b.

On suppose que les bulles forment une ellipsoïde de révolution de hauteur h (m), de longueur l (m). Le diamètre équivalent d_b (m) d'une bulle en forme d'ellipsoïde est alors défini par :

$$d_b = (h^2 l)^{\frac{1}{3}}$$

Eq. 23

La taille des bulles d'air à la sortie du diffuseur est donc un paramètre essentiel. Deux phénomènes, à effet antagoniste, peuvent par la suite affecter la géométrie des bulles : la coalescence et le cisaillement.

- **La coalescence** est le phénomène de fusion des bulles d'air, contribuant à l'augmentation du diamètre des bulles, et ainsi, à la diminution de l'aire interfaciale spécifique. La coalescence est d'autant plus élevée que la concentration en bulles est forte, et que la viscosité dynamique du liquide est élevée. Elle est d'autant plus faible que la concentration en électrolytes dans le milieu est élevée (diminution de la tension superficielle).

- **Le cisaillement** est la division d'une bulle de gaz en de multiples bulles plus petites. La conséquence est une augmentation de l'aire interfaciale spécifique et pour corollaire une augmentation du terme $k_L a$. Le cisaillement est la conséquence de la déformation des bulles d'air. La force de tension superficielle tend à garder la bulle sphérique, la viscosité du liquide augmente la résistance à la déformation, alors que les forces de cisaillement dues à la turbulence du milieu tendent à la déformer. La déformation peut aller jusqu'à la rupture de la bulle, et ainsi donner naissance à des éléments plus petits. Le cisaillement (par conséquence le transfert) diminue donc lorsque la viscosité dynamique du liquide augmente.

L'aire interfaciale dépend également de la forme des bulles. Pour un même volume de bulle, l'aire d'échange eau/gaz peut être différente. La forme dépend essentiellement de la turbulence du milieu. Enfin, nous voyons, à l'aide de la formule (Eq. 21), que l'aire interfaciale spécifique a est une fonction croissante de la rétention gazeuse ε_G et décroissante du diamètre de bulle.

I-8-2- Bilan des forces exercées sur la bulle au cours de sa formation:

Le mouvement ascendant de la bulle générée par un orifice rigide peut être décrit par les forces d'inertie, d'Archimède, de traînée, de tension superficielle et de quantité de mouvement du gaz à travers l'orifice. Les composantes horizontales des forces étant négligeables dans le cas d'un liquide au repos. Le bilan de force est appliqué au centre de gravité de la bulle et est défini par Paimanakul (2005) :

I-8-2-a- Force de tension superficielle :

$$F_\sigma = -\pi . d_{OR} . \sigma_L \qquad \text{Eq. 24}$$

où :

d_{OR} : diamètre de la buse (orifice)

σ_L : la tension superficielle du liquide

La force relative à la tension superficielle s'exerce sur la base de la bulle, au niveau du périmètre de l'orifice. Elle fait intervenir la tension superficielle de la phase liquide, et donc, la notion de mouillabilité du liquide.

I-8-2-b- Force de Traînée :

Si la bulle possède une vitesse différente de celle de l'eau, une force de traînée F_D se créée, assimilable à une résistance au déplacement. Elle résulte de la non uniformité du champ de contraintes de frottement autour de l'interface et est donc l'intégration du frottement interfacial. Elle dépend du coefficient de traînée C_D. Elle s'oppose au mouvement relatif entre la bulle et la phase liquide et est définie sous la forme :

$$F_D = -\frac{C_D \, \rho_L \, U_B^2 \, \pi \, d_M^2}{8} \qquad \text{Eq. 25}$$

Dans cette expression de la force de traînée interviennent : la vitesse d'ascension de la bulle (U_B), l'aire projetée, définie par rapport au diamètre de la bulle horizontal maximal (d_M) et le coefficient de traînée (C_D).

I-8-2-c- Force d'inertie :

Appelée aussi force de masse ajoutée, elle naît du fait de l'accélération relative de la phase air par rapport à la phase eau. Pendant leur accélération, les bulles d'air peuvent être ralenties par l'inertie du fluide porteur et subir ainsi une force dite de masse virtuelle.

On dit que le conflit entre l'inertie de la masse de l'eau et l'accélération des bulles exerce une masse virtuelle sur les bulles. Cette force représente l'inertie du liquide entraîné par le mouvement de croissance de la bulle. Elle est donnée par l'expression suivante :

$$F_I = \frac{d\left(M\dfrac{dy}{dt}\right)}{dt} \qquad \text{Eq. 26}$$

M la masse ajoutée exprimée par :

$$M = \left(\rho_G + k_M.\rho_L\right)V_B \qquad \text{Eq. 27}$$

où k_M, est le coefficient de la masse ajoutée. Sa valeur théorique est : $k_M = 11/16$.

I-8-2-d- Force d'Archimède :

Cette force, dirigée verticalement vers le haut, résulte de la non uniformité du champ de pression hydrostatique autour de l'interface air/eau.

$$F_B = \left(\rho_L - \rho_G\right)V_{bulle}.g \qquad \text{Eq. 28}$$

La force d'Archimède, telle qu'elle est exprimée, sous entend qu'au niveau de la base de la bulle (sortie de l'orifice), la pression de gaz est égale à la pression du liquide [Gaddis and Vogelpohl, 1986].

I-8-2-e- Force de quantité de mouvement du gaz :

$$F_M = \frac{4\rho_G \, Q_G^2}{\pi \, d_{OR}^2} \qquad \text{Eq. 29}$$

Cette force résulte du mouvement du gaz dans la bulle et tend à favoriser la croissance de la bulle. Cette circulation de gaz dans la bulle est fonction du débit de gaz passant à travers l'orifice. Elle est particulièrement importante à hauts débits et/ou hautes pressions.

I-8-3- Evolution de la taille des bulles d'air naissantes en fonction de la hauteur d'immersion des diffuseurs

La taille des bulles d'air naissantes est fonction de la tension superficielle, de la taille des orifices et du débit d'air. Capela (1999) en mesurant la taille des bulles produites par une membrane souple, n'observe pas d'influence significative de la hauteur d'immersion des diffuseurs sur la taille des bulles. La taille des bulles d'air naissantes est donc uniquement fonction des caractéristiques physiques de la membrane et du débit gazeux la traversant. Dans notre cas la formation des bulles est due à une buse qui peut être considérée comme un diffuseur rigide, la taille des bulles d'air naissantes ne dépend donc que du débit gazeux autrement dit du débit liquide de recirculation.

I-8-4- Evolution de la taille des bulles d'air lors de leur ascension

Dans une dispersion gaz/liquide, l'aire interfaciale résulte d'un équilibre entre les phénomènes suivants :
- rupture/coalescence des bulles d'air ;
- variation de la pression relative ;
- transferts de matière.

Dans le cas des colonnes à bulles, Millies et Mewes (1999) décrivent le comportement des bulles lors de leur ascension de la façon suivante : les bulles à leur sortie du diffuseur d'air, possèdent une forte vitesse et sont fortement cisaillées; ensuite elles coalescent et rompent jusqu'à atteindre un état d'équilibre. Ce phénomène serait prépondérant dans le cas des bioréacteurs car ils possèdent une faible vitesse superficielle gazeuse (de l'ordre de $0,01$ m.s^{-1}). A l'équilibre dynamique, la coalescence est compensée par la rupture.

Quant à l'influence de l'évolution de la taille de bulle en fonction de la variation de pression hydrostatique, Wagner et Pöpel (1998) trouvent, dans leur modèle que la variation de la taille de bulle uniquement due à la pression hydrostatique est de $3,1$ % par mètres d'immersion.

Concernant la diminution de la taille de bulle due au transfert de matière, elle peut s'expliquer par la diminution en concentration de l'oxygène dans la bulle dû au transfert de matière. Jupsin et Vasel (2002) en comparant les évolutions théoriques dues au transfert d'oxygène du volume d'une bulle de 2 mm en fonction de sa distance aux diffuseurs pour une concentration en oxygène dans le liquide nulle et pour une concentration en oxygène dans le liquide à saturation trouvent que la diminution du diamètre des bulles due au transfert d'oxygène semble négligeable dans les conditions utilisées.

I-9- LES CONTACTEURS GAZ-LIQUIDE FAISANT INTERVENIR DES BULLES :

I-9-1- Les colonnes à bulles classiques :

Les colonnes à bulles ont fait l'objet de plusieurs études que ce soit en hydrodynamique comme en transfert de matière. Maalej (2001) Trambouze et Euzen (2002) et Roustan (2003) ont détaillé le fonctionnement de ces colonnes et ont donné les différentes corrélations et résultats expérimentaux les concernant. Les tableaux (1) et (2) regroupent les principales corrélations empiriques concernant la rétention gazeuse et le coefficient $k_L a_{20}$.

Concernant les régimes d'écoulement, la majorité des auteurs identifie trois régimes d'écoulement dépendant de la vitesse du gaz (U_G) et du diamètre de la colonne (D_C). Il s'agit du :

- régime homogène obtenu à faible vitesse de gaz en général inférieur à 0,05 m.s^{-1}. Dans ce régime les bulles présentent un diamètre uniforme et une même distribution radiale.

- le régime hétérogène se caractérise par un mélange de petites et de grosses bulles de diamètre avoisinant 0,1 m et de formes quelconques et instables. Ces dernières court-circuitent la colonne. D'après Roustan (2003) pour des vitesses superficielles du gaz supérieures à 0,1 m.s^{-1}, les ¾ du gaz peuvent court-circuiter la colonne.

- le régime hétérogène à poches s'observe pour de très faibles diamètres de la colonne inférieurs à 150 mm. Il est caractérisé par la présence de très grandes bulles appelées poches. Le liquide appelé « bouchon » se situe entre deux poches successives.

Référence	Système d'aération	Milieu	Remarques	corrélation
MAJUMDER S. M. et al. (2006)	Colonne à bulles fluide non newtoniens vers le bas	Air- Eau	0.033×10^{-4} <Qg <1.22 $\times 10^{-4}$ m^3/s	$V_g = V_{sg}/\varepsilon_g = C_0 V_m + V_d$ $\ln(C_0) = 0,05\ln(D_R) - 0,69(\rho_R)$ $-0,15\ln(Re_m) - 0,07\ln(Su_c) - 0,41$ $\ln(Vd) = 0,039\ln(D_R)$ $-7,88\ln(\rho_R) + 0,64\ln(Re_m)$ $-1,31\ln(Su_c) - 14,39$
KARCZ J. et al. (2004)	Contacteur gaz-liquide d'agitation mécanique	système coalesçant (air-eau distillé, air—solution aqueuse de glucose)	$0 < x/\% < 30$ Pg/VL < 900 W.m^{-3} Ug ≤ 5.2 × 10^{-3} m.s^{-1}	$\varepsilon_G = (0,36 - 6,67 \times 10^{-3} x/\%) \times$ $\left(\dfrac{P_g}{V_L}\right)^{(\alpha - 2 \times 10^{-3} x/\%)} U_g^{(\gamma - 10 - 2x/\%)}$ x: fraction massique de glucose Avec: $\alpha = 0.32$, $\gamma = 0.8$,
		système non-coalesçant (air—sirop de glucose systèmes):	$40 < x/\% < 70$ Pg/VL < 400Wm^{-3} Ug≤ 5.2× 10^{-3} m.s^{-1}	$\varepsilon_G = (0,299 x/\% - 5,8) \times$ $\left(\dfrac{P_g}{V_L}\right)^{(0,07\exp(\frac{0,65}{10-2x/\%}))} . U_g^{1,1}$ x: fraction massique de sirop de glucose
LINEK V. et all. (1996)	contacteur gaz-liquide d'agitation mécanique	Air- Eau	k_La a été mesuré par la méthode de pression dynamique 1 : niveau bas dans la colonne 2-4 : hauts niveaux dans la colonne	$\varepsilon_1 = 0,074 e_1^{0,356} U_G^{0,537}$ $\varepsilon_{2-4} = 0,258 e_{2-4}^{0,303} U_G^{0,732}$ $k_L a_1 = 6,46 \times 10^{-3} e_1^{0,675} U_G^{0,494}$ $k_L a_{2-4} = 8,61 \times 10^{-3} e_1^{0,637} U_G^{0,54}$
		Air- solution de sulfite (0,5 M)		$\varepsilon_1 = 0,0152 e_1^{0,589} U_G^{0,443}$ $\varepsilon_{2-4} = 0,0456 e_1^{0,456} U_G^{0,523}$ $k_L a_1 = 1,29 \times 10^{-4} e_1^{1,32} U_G^{0,331}$ $k_L a_{2-4} = 5,25 \times 10^{-4} e_{2-4}^{1,17} U_G^{0,459}$
MAKINIA J. et all (1998)	diffuseurs de type membranaire	Air- Eau	1000< Q$_G$ < 2500 k$_L$a a été déterminé par la méthode de bilan gazeuse	$k_L a_{20} = 0,0081.Q_G - 2,85$ k$_L$a en h^{-1} et Q$_G$ en m^3.h^{-1}
EOUAKOU E. et al (2005)	jet-loop submerged membrane bioreactor	Air- Eau	k$_L$a a été déterminé par la méthode de Gassing-out	$k_L a = (11,164 U_L + 0,09) U_g^{0,643}$ k$_L$a en (s^{-1})
WU H. et al. (1997)	contacteur gaz-liquide avec agitation mécanique	Air- Eau	$P/V \in [0,2-10]$ kW/m^3 $U_G \in [1 \times 10^{-3} - 8 \times 10^{-3}]$ m/s k$_L$a a été déterminé par la méthode du sulfite	Pour 2 Disk turbine : $k_L a = 2,38(P/V)^{0,58} U_G^{0,7}$ Pour 1 Disk turbine : $k_L a = 1,06(P/V)^{0,67} U_G^{0,56}$
FYFERLING M. et al. (2008)	contacteur gaz-liquide avec agitation mécanique	Air-milieu coalescence:	k$_L$a a été déterminé par la méthode dynamique de la sonde d'oxygène et le bilan gazeuse.	$\varepsilon_C = 0,062(P/V)^{0,32} U_G^{0,4}$ $k_L a = 0,0076(P/V)^{0,57} U_G^{0,4}$ $d_{32} = 0,0076(P/V_L)^{-0,14}$
		Air-milieu non-coalescence		$\varepsilon_{nCi} = 0,031(P/V)^{0,47} U_G^{0,4}$ $k_L a = 0,0022(P/V)^{0,92} U_G^{0,4}$ $d_{32} = 0,014(P/V_L)^{-0,37}$

Tableau 1 : Principales corrélations empiriques pour le calcul de k$_L$a et la rétention en colonnes à bulles

39

Référence	Systèmes	Propriétés physiques (en S.I. unités)	Corrélation
Akita et Yoshida (1973)	Air-H₂O Air- sol. aq. glycol Air- glycol Air- methanol	$800 < \rho_L < 1600$ $0,00058 < \eta_L < 0,021$ $0,022 < \sigma_L < 0,0742$ $0,152 < D_C < 0,6$ $0,126 < H_C < 0,35$	$\dfrac{k_L a D_C^2}{D_L} = 0,6 \left(\dfrac{D_C^3 \rho_L^2 g}{\eta_L^2} \right)^{0,31} \left(\dfrac{D_C^2 \rho_L}{\sigma_L} \right)^{0,62} \left(\dfrac{\eta_L}{D_L \rho_L} \right)^{0,5} \varepsilon_G^{1,1}$
Schugerl et coll. (1978)	Air- sol. d'éthanol Air- sol. électrolytique	$996 < \rho_L < 1006$ $0,00089 < \eta_L < 0,011$ $0,053 < \sigma_L < 0,073$ $U_G < 0,08$	$k_L = \dfrac{0,15 D_L}{d_b} \left(\dfrac{V_L}{D_L} \right)^{1/2} \left(\dfrac{d_b V_G \rho_L}{\eta_L} \right)^{3/4}$
Hikita et coll. (1981)	$H_2O - H_2$ $H_2O - O_2$ $H_2O - CH_4$ $H_2O - CO_2$ Air-H₂O Air- sol. aq. de sucrose Air- sol. aq. de méthanol	$998 < \rho_L < 11230$ $0,0008 < \eta_L < 0,011$ $0,025 < \sigma_L < 0,082$ $0,042 < U_G < 0,38$ $0,1 < D_C < 0,19$ $1,2 < H_C < 2,2$	$\dfrac{k_L a U_G}{g} = f 14,9 \left[\dfrac{U_G \eta_L}{\sigma_L} \right]^{1,76} \left[\dfrac{\eta_L g}{\rho_L \sigma_L^3} \right]^{0,248} \left(\dfrac{\eta_G}{\eta_L} \right)^{0,243} Sc_L^{-0,604}$ f : facteur de correction f=1 pour non-électrolytes f=10^{0,021} pour 0<I<1 kg.ion/m³ f=1,114 10^{0,021} pour I>1 kg.ion/m³
Deckwer et coll. (1987)	O₂- sol. aq. De CMC	$4,6 < D_L < 26$ $U_G = 0,08$ $D_C = 0,14$ $H_C = 2,6$	$k_L a = 0,00315 . V_G^{0,59} \eta_L^{-0,84}$
Ozturk et coll. (1987)	Air-tétrachlorure de carbone Sol. Alcoolique de glycol, nombreux liquides organiques	$714 < \rho_L < 1593$ $0,00033 < \eta_L < 0,02$ $0,024 < \sigma_L < 0,072$ $0,29 < 10^9 D_L < 5,85$ $0,09 < \rho_G < 2,46$ $8,8 < 10^6 \eta_G < 19,4$ $0,008 < U_G < 0,1$	$\dfrac{k_L a d_b^2}{D_L} = 0,62 \left[\dfrac{\eta_L}{\rho_L D_L} \right]^{0,5} \left[\dfrac{\rho_L d_b^2 g}{\sigma_L} \right]^{0,33} \left[\dfrac{g \rho_L^2 d_b^3}{\eta_L} \right]^{0,29} \left[\dfrac{U_G}{\sqrt{g d_b}} \right]^{0,68} \left(\dfrac{\rho_G}{\rho_L} \right)^{0,04}$
Popovie et Robinson (1989)	O2- sol. Diluées de CMC	$0,03 < U_G < 0,26$ $1003 < \rho_L < 1240$ $0,02 < \eta_L < 0,5$ $0,059 < \sigma_L < 0,079$ $0,33 < 10^9 D_L < 2,53$	$k_L a = 0,005 U_G^{0,52} D_L^{0,5} \rho_L^{1,03} \eta_L^{-0,89} \sigma_L^{0,75}$

Tableau 2 : Principales corrélations empiriques pour le calcul de la rétention gazeuse en colonnes à bulles

I-9-2- Colonnes à bulles alimentées par un jet

Nous appelons colonnes à bulles alimentées par un jet les systèmes gaz-liquide mettant en jeu une distribution de bulles de gaz dans un liquide due à la présence d'un jet. Le jet peut être un jet de liquide aspirant de l'air à travers une buse, un jet d'air entrainant un liquide et se transformant en bulles ou encore tout simplement une injection d'air et de liquide simultanément. Ce système d'aération basé sur l'entrainement de l'air par un jet d'eau est intéressant comparé aux systèmes d'aération classiques pour plusieurs raisons : pas besoin d'utiliser un compresseur pour l'introduction de l'air, il est de construction et de fonctionnement simples, Il évite certains problèmes de fonctionnement comme le clogging dans les diffuseurs d'air etc. Encouragés par ces avantages, plusieurs chercheurs se sont penchés sur l'étude de ce type de réacteur. On peut citer par exemple : Ahmet [1974], Van de Sande et Smith (1975), Toerber et Mandt (1979), Van de Donk (1981), Tojo et Miyanami (1982), Tojo et al. (1982), Bin et Smith (1982), Bonsignore et al. (1985), Ohkawa et al (1986), Funatsu et al. (1988), et Yamagiwa et al. (2001).

Nous détaillons ci-après les études qui nous ont parues les plus importantes soit par la similarité avec notre dispositif expérimental soit par les corrélations proposées. Pour mieux expliquer les différences avec notre dispositif expérimental certains schémas issus de ces travaux sont repris dans ce paragraphe.

En 1987 Ohkawa et al [1987] se sont intéressés à l'étude des aires interfaciales et des coefficients de transfert de matière dans un réacteur à jet vertical circulant de haut en bas Leur réacteur est schématisé ci contre.

Dans ce dispositif (Figure 2 ci-contre) l'arrivée du gaz n'est pas canalisé ce qui rend la mesure des débits de gaz difficile. Les auteurs définissent en effet un taux d'entrainement du gaz mesuré par le volume du liquide déplacé dans le réservoir.

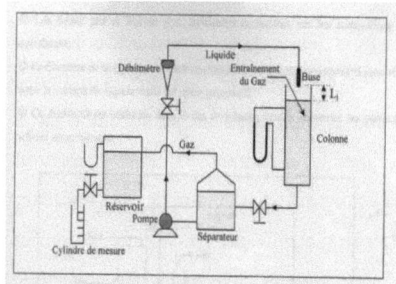

Figure 2 : Dispositif expérimental utilisé par Ohkawa et al [1987]

Le mélange gaz-liquide est retenu non seulement dans la cuve mais aussi dans le séparateur si bien que les limites du réacteur ne sont pas très nettes.

41

Yamagiwa *et al* [1990] ont utilisé le même réacteur et ont proposé des équations expérimentales pour évaluer la rétention du gaz. Ils proposent la corrélation suivante :

$$\frac{U_G}{\varepsilon_G} = 1.17 \left(U_G + U_L \right) - 0.19$$
Eq. 30

En 1995 Kundu *et al* [1995] ont amélioré le système afin d'éviter le contact entre le liquide et l'air environnant en fermant le haut de la cuve. Leurs travaux concernent l'évaluation de la rétention du gaz et la détermination des corrélations sur les gradients de pression en écoulement diphasique. Ils obtiennent la corrélation suivante reliant la rétention gazeuse à plusieurs nombres sans dimension :

$$\varepsilon_G = 1 - \exp\left(-6.87 \ 10^{-3} \ \text{Re}^{0.36} \ \text{Ar}^{0.17} \ \text{Hr}^{-0.22} \ \text{Su}^{1.95} \ \text{Mo}^{0.58} \right)$$
Eq. 31

Dans laquelle :

Re : nombre de Reynolds $88 < \text{Re} < 1048$

$$29.03 < \text{Ar} = \left(D_c / d_{buse} \right)^2 < 169.78$$

$$1 < \text{Hr} = H_L / D_C < 31$$

Su : Nombre de Suratman $Su = \dfrac{\sigma_L \ \rho_L \ D_C}{\mu_L^2} > 0.375 \ 10^5$

Mo : Nombre de Morton $Mo = \dfrac{\rho_L \ \sigma_L^3}{g \ \mu_L^4} \quad 0.111 \ 10^{-10} < Mo < 0.517 \ 10^{-6}$

Laari *et al* (1997) ont étudié une colonne à bulles obtenue par injection simultanée d'eau et d'air avec un simple tube en T (Figure ci-contre). Leur appareil fonctionne à co-courant de bas en haut, l'air est aspiré par le liquide et le jet pénètre dans la cuve par le bas sans tube de guidage.

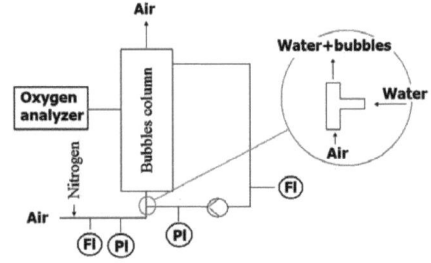

Figure 3 : Dispositif expérimental utilisé par Laari *et al* [1997]

Leurs résultats sont donnés sous forme de corrélations qui peuvent se résumer de la façon suivante :

Pour la rétention gazeuse :

ε_G est en fonction de $U_G^{0.923}$ pour $P/V < 2173$ W/m^3 Eq. 32

ε_G est en fonction de $U_G^{0.923} \left(P/V \right)^{0.0751}$ pour $P/V > 2173$ W/m^3 Eq. 33

et pour le $k_L a$:

$k_L a$ est en fonction de $U_G^{0.942}$ pour $P/V < 1945$ W/m^3 Eq. 34

$k_L a$ est en fonction de $U_G^{0.942} \left(P/V \right)^{0.134}$ pour $P/V > 1945$ W/m^3 Eq. 35

Evans *et al.* (2001) ont déterminé le coefficient volumétrique dans un réacteur à jet. L'injection du liquide à travers le jet est indépendante de celle du gaz (Figure ci-contre). De ce fait l'air est entrainé par un compresseur et l'eau par une pompe. Le jet plonge dans le liquide mais sans être guidé par un tube.

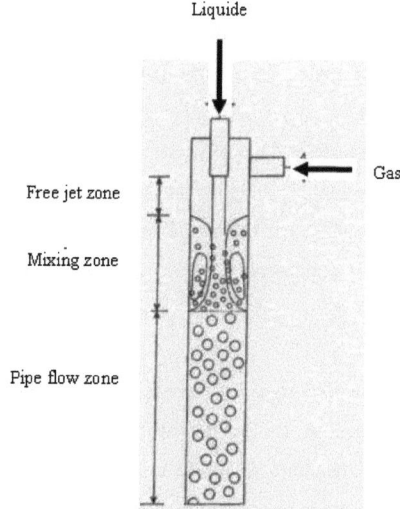

Figure 4 : Dispositif expérimental utilisé par Evans *et al.* (2001)

Le $k_L a$ a été déterminé en absorption physique et en absorption gaz-liquide avec réaction chimique. D'après leurs résultats, présentés sous forme de figures, le $k_L a$ augmente avec le débit de gaz quelle que soit la méthode utilisée, cependant les valeurs de $k_L a$ obtenues en absorption avec réaction chimique sont deux à trois fois inférieures à celles obtenues en absorption physique. Quant à la rétention gazeuse, elle est pratiquement indépendante du débit de gaz en absorption avec réaction chimique et augmente avec ce même débit quant elle est mesurée durant l'absorption physique. Ils comparent enfin leur résultat sous forme de k_La en fonction de la puissance consommée par unité de volume avec différents contacteurs gaz-liquide en particulier les colonnes à bulles et les réacteurs agités et concluent que leur réacteur présente une réelle compétition en termes de performance comparés au contacteur gaz-liquide classique.

Baylar A. and al. (2006) ont étudié un contacteur gaz-liquide similaire à notre dispositif expérimental. La différence entre les deux appareils réside dans l'injection du jet. Dans leur dispositif le liquide aspire l'air à travers un convergent-divergent et le jet arrive à la surface du liquide alors que dans notre dispositif le jet pénètre jusqu'au fond de la cuve et il est guidé par un tube coaxial.

Dans leur configuration le jet est conique et se disperse dans l'émulsion (Figure ci-contre).

Le transfert de l'oxygène entre le jet traversant le ciel de la cuve et l'air environnant est estimé à moins de 1 % d'après ces auteurs.

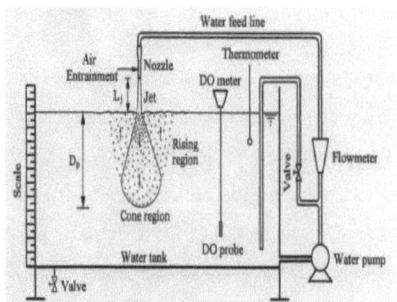

Figure 5 : Dispositif expérimental utilisé par Baylar and al. (2006)

De même le transfert entre la surface du liquide et l'air en contact de la surface du liquide est négligeable. Ils ont déterminé l'efficacité d'oxygénation en fonction de la vitesse du jet. Leurs résultats montrent que l'efficacité d'oxygénation diminue quand la vitesse du jet augmente mais sans donner d'explications. Cependant aucune corrélation n'est proposée.

Plus récemment **Deswal and Verma (2007)** utilisent le même dispositif à la différence du système d'injection. Ce dernier est composé d'un cône de 60° de sommet permettant d'obtenir un jet ayant un angle égale à $\pi/3$. Le cône est fixé sur un support contenant un filetage interne qui permet de visser le support au bout du tube de circulation de l'eau. Visser plus ou moins le support permet d'obtenir différentes épaisseurs du jet.

Ils obtiennent pour les k_La les corrélations suivantes :

$$k_L a = 0.051 \left(\frac{P}{V} \right)^{0.65} \qquad \text{Eq. 36}$$

$$k_L a = 0.023 \, v_j^{1.98} \, t_j^{0.74} \qquad \text{Eq. 37}$$

v_j et t_j sont la vitesse et l'épaisseur du jet respectivement.

Ils comparent aussi leurs résultats (tableau 3) à d'autres réacteurs en termes d'apport spécifique ASB.

Equipement	ASB KgO$_2$/kW.h
Small bubble size disperger	1,36-1,8
	0,95
Large bubble size disperger	0,98
	0,64
Turbine agitator	1,2-1,38
surface aeration by mechanical agitator	1,68
Deep shaft aerator	3-6
Gas jet aerator	1,64
Eddy jet mixer	4,78
Plunging jet	0,92-3,9
Plunging venturi device	2,2-8,8
Hollow inclined plunging jet θ=Π/3	2,56-10,73

Tableau 3 : Valeurs de l'apport spécifique pour différents contacteurs gaz-liquide d'après Deswal and Verma (2007)

I-10- DISPOSITIF EXPERIMENTAL :

I-10-1- Historique :

Depuis quelques années de nombreux travaux ont été entrepris dans le LGCIE : Laboratoire de Génie Civil et d'Ingénierie Environnementale (ex LAEPSI: Laboratoire d'Analyse Environnementale des Procédés et Systèmes Industriels) dans le domaine du transfert de matière gaz-liquide et plus particulièrement sur les contacteurs mettant en jeu la formation des bulles.

Ce type de contacteur est largement rencontré en Génie des Procédés car leurs avantages résident dans leur consommation énergétique réduite ; leur simplicité de construction et leur grande fiabilité en cours d'opération.

Les travaux concernant le réacteur gaz-liquide à jet vertical ont vu le jour à l'initiative de R. Botton, ingénieur à Rhône Poulenc et qui a collaboré avec le LGCIE pour la conception et la construction de l'appareil actuel.

Des études effectuées au préalable ont permis d'étudier du point de vue hydrodynamique, différents paramètres permettant d'aboutir à une géométrie optimisée.

Ainsi différents dispositifs ont été testés avec de l'air et de l'eau dans des cuves de diamètres différents, de même que différentes buses et avec des tubes coaxiaux contenant ou non des trous.

Ces travaux ont montré que ce contacteur est tout à fait valable pour être utilisé dans l'industrie du génie du procédé ; mais il faut encore considérer que son utilisation en grandes dimensions (types fermenteurs) reste à examiner. Il peut être à priori intéressant pour le traitement des eaux par aération dans des stations de dimensions modestes. L'appareil utilisé dans cette étude est issu des résultats de ces travaux. Sa géométrie correspond à la géométrie optimisée à laquelle ont aboutit ces mêmes travaux. Il est décrit ci-après.

I-10-2- Descriptif :

Le réacteur ou aérateur à jet vertical se compose d'une colonne en PVC transparent avec un diamètre intérieur de 300 mm et une hauteur de 1590 mm. La hauteur maximale de l'émulsion gaz-liquide est d'environ 1500 mm. Il comporte un circuit fermé côté liquide ainsi qu'une entrée et une sortie pour l'air. Celui-ci est introduit, sans apport d'énergie spécifique, par l'intermédiaire d'un jet de liquide aspirant. Le jet de liquide, créé par la buse dont le profil est de type « orifice », pénètre dans un tube coaxial partiellement immergé. Il permet l'entraînement de l'air environnant vers le fond de la colonne. Le jet biphasique ainsi formé arrive en impact sur une plaque qui d'une part, assure la séparation du liquide et de l'air, et d'autre part, permet la dissipation de l'énergie du jet en turbulences créant ainsi une bonne agitation à l'intérieur de la colonne en dispersant l'émulsion. La phase gazeuse remonte alors à la surface libre sous forme de bulles et la phase liquide est reprise par une pompe en circuit fermé pour réaliser le jet. Toutes les dimensions sont indiquées dans le tableau (4) et représentées sur la figure (6) :

Les caractéristiques du réacteur	Dimension (cm)
Hauteur totale de la colonne (H_t)	159
Hauteur d'émulsion dans la colonne (H_E)	120~150
Diamètre de la colonne D_C	30
Diamètre extérieur de la canalisation (D_{ext})	3
Diamètre du tube coaxial (D_0)	4
Diamètre de la plaque d'impact (S_0)	13
Diamètre de la buse orifice (d)	1,6
Distance de la plaque par rapport au tube coaxial (h)	2

Tableau 4: Dimensions de l'installation

Le débit d'air est mesuré par un annubar (Tube de Pitot amélioré (Annexe 18)). La mesure du débit liquide entraîné par la pompe se fait par l'intermédiaire d'un rotamètre. Afin de mesurer la dépression causée par la buse, un manomètre est placé en amont de la sortie du jet qui a lieu à la pression atmosphérique.

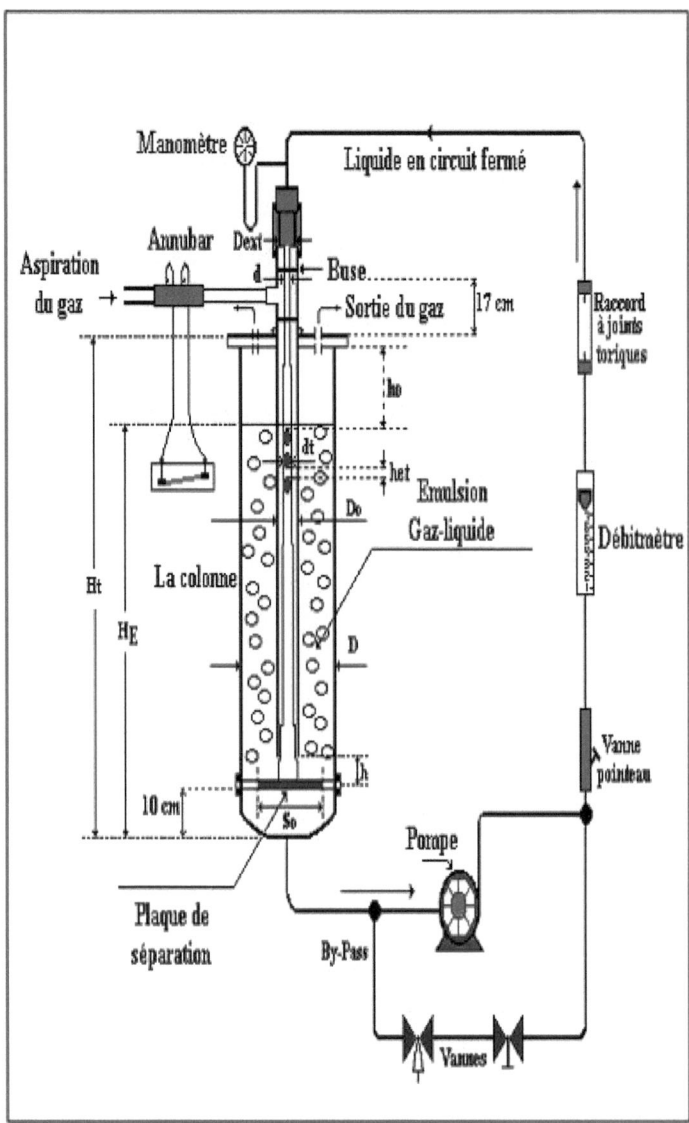

Figure 6 : Schéma de l'installation

I-10-3- Conditions de bon fonctionnement de l'aérateur à jet :

Comme le montrent les photos (Figures 7 : A, B) ci-dessous, pour certains débits l'air aspiré n'arrive pas jusqu'à la plaque d'impact. Il est nécessaire que la vitesse du liquide au niveau de la buse soit suffisante pour que le jet qui en résulte pénètre jusqu'à la plaque pour disperser dans la cuve l'air aspiré. Pour déterminer la valeur minimum de cette vitesse nous avons mesuré la pénétration du jet en fonction de la vitesse à la buse. La vitesse minimum est de (0,7 m/s) correspondant au débit Q_L de (0,5 m³/h). La photo (Figure 7 : C) obtenue à 2,5 m³/h montrent encore des défauts d'écoulement. Certaines parties du réacteur ne sont pas accessibles à l'air. Ceci peut être vérifié par l'étude de la distribution des temps de séjour : objet du chapitre II.

Quant au débit maximum à utiliser, il est limité par la puissance de notre pompe qui ne peut pas délivrer plus de 6 m³/h. Mais déjà à ce débit on remarque une agitation très intense (Figure 7 : D) et nous estimons qu'au-delà on se retrouve dans le domaine des brouillards où l'aire interfaciale risque de diminuer et par conséquence l'efficacité aussi. Donc la plage de débit liquide utilisée est de :

$$3,5 \text{ m}^3/\text{h} < Q_L < 6 \text{ m3/h.}$$

Les débits gaz et liquide étant liés, ce qui correspond à une plage de débit de gaz de :

$$4,2 \text{ m}^3/\text{h} < Q_G < 10,12 \text{ m}^3/\text{h.}$$

Figure 7 : Evolution de la pénétration en fonction du débit liquide

I-11- Co..................

Dans ce chapitre, après avoir décrit brièvement, les différents systèmes d'aération utilisés en station d'épuration et leurs performances, nous avons essayé de situer du point de vue configuration, notre réacteur par rapport aux dispositifs existants. On peut noter que pratiquement dans tous les cas le jet n'est pas guidé dans la cuve et se disperse, une fois plongé dans la cuve, dans l'émulsion. Les résultats obtenus par différents auteurs quant au coefficient de transfert de matière et à l'apport spécifique semblent prometteurs. La plupart des auteurs mettent l'accent sur les avantages d'un tel procédé et en particulier le gain d'énergie du à la circulation des deux fluides avec un seul organe moteur, en l'occurrence la pompe de recirculation.

On peut noter à travers cette bibliographie qu'aucune application, à notre connaissance, de ce type de contacteur aux eaux usées ne semble être réalisée et en particulier, la détermination du coefficient volumétrique de transfert k_La en présence de boues, objet de notre Chapitre III. De même à l'exception de Dabaliz (2002), travaux réalisés dans notre laboratoire, aucune étude concernant la caractérisation des écoulements ne semble, encore une fois à notre connaissance, être effectuée sur ce type de contacteur, objet de notre chapitre II. Nous essayons de répondre à ce manque en caractérisant les écoulements par l'étude de la distribution des temps de séjour et la détermination de k_La en eau claire comme en présence de boue dans les deux chapitres qui suivent.

CHAPITRE II :

ETUDE HYDRODYNAMIQUE

CHAPITRE II : ETUDE HYDRODYNAMIQUE

II-1- INTRODUCTION

Pour étudier l'efficacité d'un système d'aération à traiter les eaux usées, il faut comprendre le comportement hydrodynamique d'écoulement dans le bassin d'aération afin d'estimer le degré de mélange dans le bassin. La connaissance de l'hydrodynamique de tout contacteur gaz-liquide est nécessaire à la compréhension du transfert de matière dans ce contacteur et à sa modélisation. Ce chapitre traite de l'hydrodynamique de notre réacteur à jet vertical qui peut simuler un bassin par insufflation d'air. Dans le bassin d'aération, l'efficacité de traitement dépend fortement du comportement hydrodynamique des écoulements. L'étude hydrodynamique d'un réacteur gaz-liquide permet de déterminer les pertes de charge, la rétention, la consommation d'énergie et de caractériser de façon globale l'écoulement à l'intérieur du réacteur par la détermination de la distribution des temps de séjour. Une étude théorique concernant ces différents paramètres hydrodynamiques est décrite ci-après. Elle est suivie dans un deuxième temps par une étude expérimentale.

II-2- ASPECTS THEORIQUES DE L'HYDRODYNAMIQUE D'UN CONTACTEUR GAZ-LIQUIDE :

II-2-1- Rétention de gaz

La rétention gazeuse ε_G (-), représente la proportion de gaz contenu dans l'émulsion. Elle est définie par :

$$\varepsilon_G = \frac{V_G}{V_L + V_G}$$ Eq. 38

où V_G et V_L (m^3) représentent respectivement le volume de gaz et de liquide dans l'émulsion.

La rétention gazeuse est l'un des paramètres les plus importants caractérisant l'hydrodynamique d'une colonne à bulles. Elle se décrit par le volume total de gaz dispersé sous forme de bulles par unité de volume émulsionné. Les facteurs influençant la rétention de gaz sont : le diamètre de la colonne, la vitesse superficielle du gaz, la vitesse dynamique du liquide, sa masse volumique et sa tension superficielle.

Le moyen le plus simple pour déterminer la fraction gazeuse dans une dispersion gaz-liquide consiste à mesurer la différence de niveau entre l'état aéré et l'état non aéré. Calderbank and Rennie (1962) ont rapporté une autre technique locale employant l'absorption des rayons γ. Dewall *et al* (1966), Linek *et al* (1970), et plus récemment Kies *et al* (2006) ont utilisé une méthode basée sur la manométrie en mesurant la différence de pression entre deux points situés à des niveaux différents de l'émulsion.

Dans notre étude, la rétention gazeuse peut être mesurée par la différence de hauteur entre les surfaces libres de l'émulsion et du liquide au repos :

$$\varepsilon_G = \frac{H_G}{H_L + H_G} = \frac{H_e - H_L}{H_e} = \frac{\Delta H}{H_e} \qquad\qquad \text{Eq. 39}$$

II-2-2- Pertes de charge :

Dans le réacteur à jet, la pompe délivre un fort débit d'eau qui passe à travers une buse et pénètre dans un tube coaxial. Le jet de liquide crée par la buse permet l'aspiration de l'air ambiant par l'intermédiaire d'un tube piqué juste après la buse. Cette dernière entraîne une perte de charge non négligeable (en comparaison avec celle occasionnée par les conduites et la cuve). La connaissance de la perte de charge à la buse nous permet d'estimer la puissance de la pompe nécessaire à la circulation du liquide permettant l'aspiration d'une quantité suffisante d'air. Rappelons qu'il existe un débit minimal de liquide permettant d'aspirer un débit d'air suffisant pour pouvoir traverser la cuve remplie de liquide.

La perte de charge à la buse dépend de la géométrie de la buse et de la vitesse du jet liquide. A. Dabaliz (2002) a étudié l'effet de deux formes de buse sur la dépression causée par cette dernière pour différentes conditions opératoires sur le réacteur concerné. Ses résultats ont montré que pour une vitesse de jet de 9,7 m/s, la buse orifice peut aspirer 12 m^3/h d'air ambiant avec une dépression de 0,84 bar. Par contre la dépression causée par la buse profilée ne peut pas dépasser 0,3 bar avec une aspiration d'air de 5.2 m^3/h. La buse orifice est donc la mieux adaptée aux caractéristiques de l'installation. Par ailleurs la corrélation suivante reliant la vitesse du liquide à la buse orifice et la dépression a été proposée.

$$\Delta P = 1{,}74.\rho_L.\frac{V_j^2}{2} \qquad\qquad \text{Eq. 40}$$

Dans laquelle

ΔP : perte de charge à la buse en [Pa]

ρ_L : masse volumique du liquide [kg/m^3]

V_j : vitesse de jet à la buse [m/s]

Si on néglige les pertes de charge dans le tube de circulation et celles causées par les coudes, la puissance dissipée P peut être liée à la perte de charge totale comme suit:

$$P = \Delta P. Q_L \qquad\qquad \text{Eq. 41}$$

Soit par unité du volume :

$$\frac{P}{V_L} = Q_L \times \frac{\Delta P}{V_L}$$

Eq. 42

avec

P : la puissance dissipée [W]

$\mathbf{Q_L}$: débit de circulation [m³/s]

V : volume de liquide [m³]

II-2-3- La Distribution des Temps de Séjour (DTS)

II-2-3-1- Introduction

Pour comprendre les phénomènes de transfert de matière mis en œuvre dans un réacteur, il est nécessaire de décrire l'écoulement des phases, leur mode de mélange et de mise en contact. La méthode qui permet d'aboutir, par une approche systémique, à cette description des phénomènes d'écoulement dans les réacteurs réels, est la méthode bien connue de la Distribution des Temps de Séjour (DTS) [Danckwerts, 1952]. La DTS peut décrire les modes d'écoulement non-idéaux à l'intérieur du réacteur et constitue un moyen de diagnostic de dysfonctionnement des systèmes continus tels que les court-circuits et les volumes morts.

Aujourd'hui, le concept de DTS est très largement utilisé dans le domaine du génie chimique, pour calculer par exemple les dimensions de réacteurs, mais aussi dans de nombreux autres domaines comme l'hydrologie, la physiologie ou le génie climatique [F. Séguret, 1998].

II-2-3-2- Principe

Considérons un flux de matière entrant dans un réacteur, composé de différentes «fractions». Ces « fractions » sont définies comme des parties cohérentes du flux, qui peuvent être soit de simples molécules, soit des agrégats de matière de taille plus ou moins importante. Toutes les particules d'une même « fraction » séjournent un temps identique dans le réacteur. Mais lorsque le flux de matière franchit l'entrée du réacteur en régime permanent, les différentes fractions du flux ne franchissent généralement pas la section de sortie du réacteur au même instant. De ce fait, le temps passé par les différentes fractions à l'intérieur du réacteur est variable.

Pour modéliser les phénomènes physiques en milieu polyphasique, il est nécessaire d'introduire la notion de "réacteur idéal", qui fait appel à deux types d'écoulements simples dans les réacteurs en régime permanent:

    a- Le Réacteur à Ecoulement Piston (REP) dans lequel le temps de séjour est identique pour toutes les molécules.

    b- Le Réacteur Ouvert à écoulement Parfaitement Agité (ROPA) dans lequel les molécules entrantes sont immédiatement dispersées et les temps de séjour sont *a priori* quelconques. Dans ce type de réacteurs la composition est uniforme en tout point du réacteur.

L'association de réacteurs idéaux permet de décrire un réacteur « réel » et peut représenter un modèle. Parmi les modèles les plus employés, on peut citer :

    ♦ *La cascade de ROPA,*

    ♦ *La cascade de ROPA avec zones mortes ou court-circuit,*

    ♦ *Le REP avec dispersion axiale,*

    ♦ *Le REP et le ROPA en série ou en parallèle.*

Dans les réacteurs réels, les molécules séjournent dans le volume réactionnel pendant des temps t qui dépendent notamment du profil hydrodynamique et de la géométrie du réacteur. Ces temps de séjour peuvent s'écarter notablement du temps de séjour moyen t_{sm}. Il existe donc une distribution des temps de séjour qui dépend du type d'écoulement. Les performances du système en tant que réacteur seront souvent liées à cette distribution des temps de séjour.

La méthode de la DTS s'applique aux systèmes qui répondent aux hypothèses restrictives suivantes [Villermaux, 1993] :

-   L'écoulement est en régime permanent,

-   L'écoulement est "déterministe", c'est-à-dire qu'il ne fait pas intervenir de processus aléatoires macroscopiques comme des basculements de filets, des créations de tourbillons du moins à grande échelle de temps et d'espace,

- Le fluide est incompressible,

- L'écoulement à travers les sections d'entrée et de sortie se fait uniquement par convection forcée, à l'exclusion de toute diffusion et de tout mélange en retour,

- Les conduites d'entrées/sorties sont de petit diamètre devant les dimensions du réacteur et les écoulements dans ces conduites sont de type piston.

Dans le cas de ces systèmes, nous pouvons définir plusieurs fonctions de distribution des temps de séjour. Ces fonctions sont développées dans le paragraphe qui suit.

II-2-3-3- Détermination de la DTS dans un réacteur- méthode de traceur

La technique de la distribution des temps de séjour au moyen d'un traceur, constitue un moyen de diagnostic pour connaître le type d'écoulement dans les systèmes continus. Le traceur doit avoir les même propriétés que le fluide à l'exception d'une qui permet de le détecter comme la couleur ou la conductivité par exemple. Un signal à l'entrée du système est appliqué (à l'aide d'un traceur) sans perturber l'écoulement et la réponse à la sortie du système est observée. Les signaux injectés dans le système peuvent théoriquement être de type quelconque ; cependant il est préférable d'utiliser des signaux particuliers de forme de sorte que la réponse soit facilement exploitable. Les signaux les plus souvent utilisés sont de type échelon ou impulsion :

II-2-3-3- a- Réponse à une injection échelon :

La concentration du traceur passe brusquement de 0 à C_0 dans l'alimentation à l'instant t = 0 (Figure 8). Si $C_S(t)$ est la concentration du traceur dans le courant de sortie, la réponse indicielle du système pour ce type d'injection est donnée par l'expression suivante :

$$F(t) = \frac{C_s(t)}{C_0}$$

Eq. 43

Et la fonction de distribution des temps de séjour est :

$$E(t) = \frac{dF(t)}{dt}$$

Eq. 44

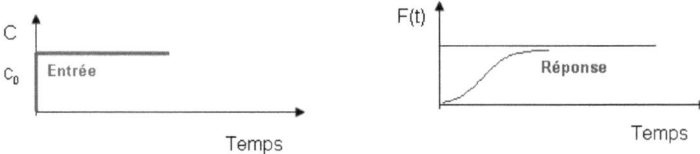

Figure 8: Distribution des temps de séjour- injection échelon

II-2-3-3- b- Réponse à une injection impulsion :

Le mode impulsion consiste à injecter, à l'entrée du réacteur, une quantité donnée de traceur (n_0 moles) pendant un temps très court. Cette injection peut être représentée mathématiquement par l'impulsion de Dirac. La réponse impulsionnelle du système est liée à la distribution des temps de séjour E(t) comme suit:

$$\tau.E(t) = \frac{C_S(t)}{C_0}$$ Eq. 45

Où

$C_s(t)$ représente la concentration du traceur mesurée dans le flux de sortie,

$C_0 = n_0 / V$: la concentration qu'aurait le traceur uniformément réparti dans le volume V.

τ : le temps de passage à travers le réacteur, défini comme le rapport entre le volume réactionnel (V_r) et le débit volumique du fluide (Q).

La fonction E(t) (figure 9) correspond ainsi à une fraction du flux total ayant un certain âge dans le réacteur par unité de temps.

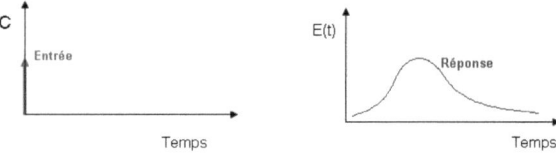

Figure 9: Distribution des temps de séjour- injection impulsion

Les conditions de normation impliquent que :

$$\int_{0}^{\infty} E(t)dt = 1$$

Eq. 46

E(t).dt est la fraction du débit de sortie qui est restée dans le réacteur un temps compris entre (t) et (t + dt).

II-2-3-4- Distribution des temps de séjour dans les divers types de réacteurs

II-2-3-4-a- Réacteur à Ecoulement Piston :

Un réacteur à écoulement piston se comporte comme un retard pur. Tous les signaux entrant sont donc transmis sans déformation et se retrouvent à la sortie au bout d'un temps t = τ. Toutes les molécules ont le même temps de séjour ($t_{sm} = \tau = V_r/Q$).

Dans le cas d'une injection impulsion (Figure 10), la DTS est un pic étroit situé au temps τ telle que :

$$E(t) = \delta(t - \tau)$$

Eq. 47

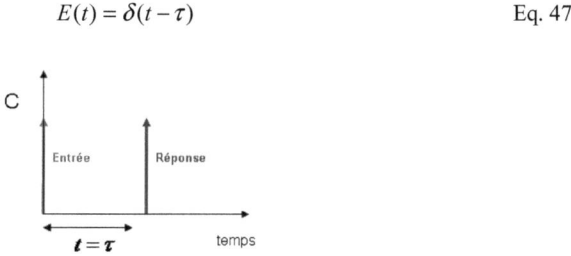

Figure 10: Les signaux à l'entrée et à la sortie du Réacteur à Ecoulement Piston- injection impulsion

II-2-3-4-b- Réacteur Parfaitement Agité :

Considérons le cas d'une injection impulsion, la concentration monte instantanément à C_0, puis évolue suivant l'équation:

$$V_r \frac{dC_S(t)}{dt} + Q_e C_S(t) = 0$$

Eq. 48

L'intégration de cette dernière équation est immédiate et aboutit à l'expression suivante :

61

$$\frac{C_S(t)}{C_0} = \exp(-\frac{t}{\tau})$$ Eq. 49

D'où l'expression de la fonction de distribution E(t) :

$$E(t) = \frac{1}{\tau}\exp(-\frac{t}{\tau})$$ Eq. 50

Figure 11: Les signaux à l'entrée et à la sortie du Réacteur Parfaitement Agité - injection impulsion

II-2-3-4-c- Réacteur réel

Dans un réacteur réel où l'écoulement est de type quelconque, les courbes de DTS observées sont des courbes intermédiaires entre les deux comportements idéaux cités ci-dessus (figure 12) :

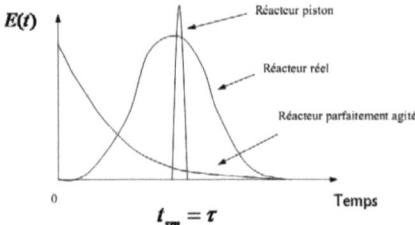

Figure 12 : Distribution des temps de séjour dans les divers types de réacteurs pour une injection impulsion

II-2-3-5- Interprétation hydrodynamique des mesures DTS - Diagnostics de mauvais fonctionnement :

Dans le cas d'une injection impulsion dans un réacteur fermé à la diffusion et parcouru en régime permanent par un fluide incompressible, le relevé expérimental de la courbe de concentration C(t) permet d'établir la courbe DTS, d'après l'équation :

$$E(t) = \frac{C_S(t)}{\int_0^\infty C_S(t)dt}$$ Eq. 51

Nous pouvons également en déduire le temps de séjour moyen comme suit :

$$t_{sm} = \frac{\int_{0}^{\infty} t.C_S(t).dt}{\int_{0}^{\infty} C_S(t).dt}$$

Eq. 52

Tandis que le temps de passage dans le réacteur est donné par l'expression :

$$\tau = \frac{V_r}{Q_e}$$

Eq. 53

Lorsqu'on compare le temps de séjour moyen avec le temps de passage, trois cas peuvent se présenter :

- Cas 1 : $t_{sm} = \tau$

Ceci signifie que tout le volume interne du réacteur V_r est accessible au fluide.

- Cas 2 : $t_{sm} < \tau$

La courbe expérimentale C(t) présente une traînée (figure 13). qui traduit l'existence d'un volume mort ou stagnant V_m, qui représente une partie du volume réactionnel inaccessible au fluide :

$$V_r = V_a + V_m$$

Eq. 54

Va : volume accessible au fluide.

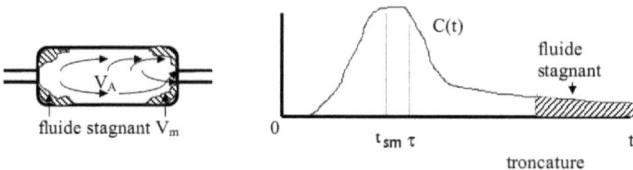

Figure 13 : Présence de zones mortes dans un réacteur réel.

- <u>Cas 3 : tsm > τ</u>

Ceci peut signifier qu'il existe un court circuit, et que le pic initial correspondant au débit de court-circuit a pu échapper à l'enregistrement. S'il s'agit d'une injection impulsion on observe un pic de court-circuit sortant immédiatement. S'il s'agit d'une injection échelon, on observe un décrochement immédiat (figure 14).

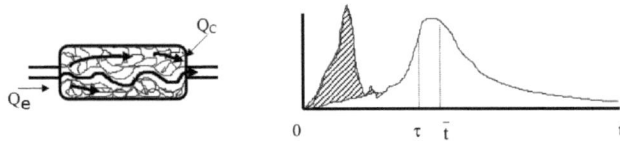

Figure 14 : Présence de court-circuit dans un réacteur.

Ces quelques indications montrent que les mesures de DTS à l'aide de traceurs fournissent un bon nombre de renseignements sur l'écoulement des fluides au sein des réacteurs réels. La DTS constitue également un outil de diagnostic très précieux qui donne accès à des paramètres difficiles à mesurer par des méthodes directes.

II-3- ETUDE EXPERIMENTALE DES PARAMETRES HYDRODYNAMIQUES

II-3-1- Mesure de la rétention gazeuse :

La rétention gazeuse est mesurée par la différence de hauteur entre les surfaces libres de l'émulsion et celle du liquide au repos. En effet une règle graduée permettant de lire la hauteur de l'émulsion est collée à la paroi de la cuve.

Avant de calculer la rétention selon l'équation (39) une correction de la hauteur de liquide lue est nécessaire pour que la quantité d'eau présente dans les canalisations soit la même à l'arrêt et pendant le fonctionnement.

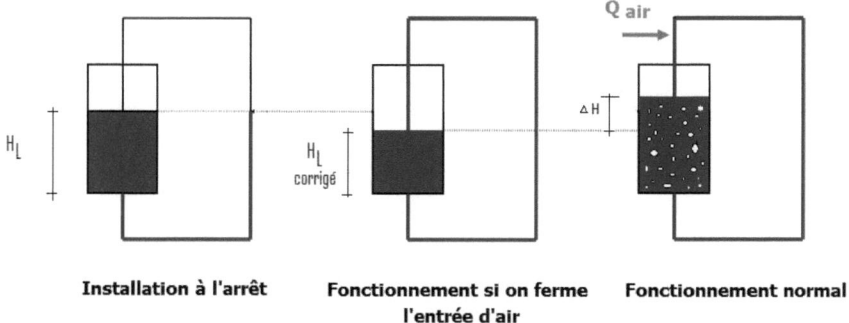

Installation à l'arrêt   **Fonctionnement si on ferme**   **Fonctionnement normal**
                                                      l'entrée d'air

Figure 15 : Prise en compte de l'air contenu dans les tuyauteries.

Ainsi: Volume (vrai) = Volume (lu) - Volume (canalisations vides Lcv). Les résultats obtenus pour la rétention sont répartis dans le tableau suivant :

Q_L	Q_G	Q_G/Q_L	H_L	H_L corrigée	H_e	ε_G
m^3/h	m^3/h		Cm	cm	cm	
3,5	3,42	0,98	118	115	121,6	0,054
4	4,2	1,05	118	115	123,6	0,070
4,5	5,13	1,14	118	115	126,1	0,088
5	6	1,20	118	115	128,6	0,106
5,5	6,84	1,24	118	115	131,6	0,126
6	8,38	1,40	118	115	137,2	0,162
6,5	10,12	1,56	118	115	142,9	0,195

Tableau 5 : Les valeurs expérimentales pour les différents paramètres- mesure la rétention gazeuse

Nous estimons l'incertitude commise sur le taux de rétention entre 9 et 17 %, les détails des calculs sont consignés en annexe (13). La figure suivante représente l'évolution de la rétention gazeuse en fonction du débit de circulation.

65

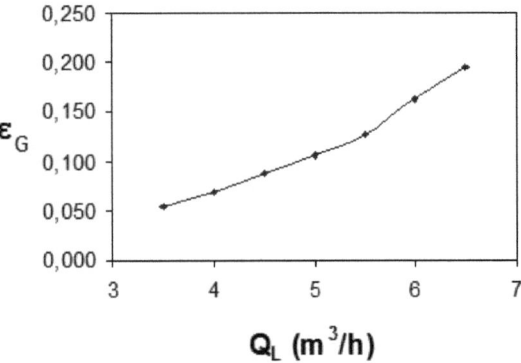

Figure 16 : Rétention gazeuse en fonction du débit de circulation

On remarque l'augmentation de la rétention de gaz en augmentant le débit de circulation. Ceci s'explique par le fait que plus le débit de circulation est important plus la quantité d'air aspiré est grande. L'augmentation de la rétention gazeuse avec le débit du gaz fait l'unanimité des chercheurs travaillant dans ce domaine.

II-3-2- Mesure des pertes de charge :

La perte de charge dans le réacteur à jet est mesurée par un manomètre relié à l'entrée de la buse. Le tableau et la figure suivants donnent les résultats obtenus de perte de charge ainsi que la puissance calculée selon l'équation (41).

Q_L m^3/h	ΔP bar	P kW
3,5	0,15	0,015
4	0,215	0,024
4,5	0,27	0,034
5	0,345	0,048
5,5	0,42	0,064
6	0,517	0,086
6,5	0,62	0,112

Tableau 6 : La perte de charge et la puissance dissipée pour différents débits de circulation

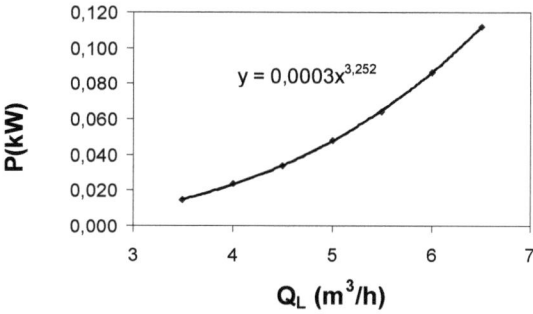

Figure 17 : La puissance dissipée en fonction du débit de circulation

L'appareil ne peut fonctionner que si le jet peut pénétrer jusqu'à la plaque d'impact et assurer en plus à ce niveau la dispersion du gaz qu'il a aspiré et véhiculé. Pour cela une puissance minimale de la pompe est nécessaire. Il est évident que la puissance augmente avec le débit liquide, la pompe assurant la circulation du liquide mais en même temps une perte de charge est créée par la buse qu'il va falloir vaincre. Plus le débit liquide augmente, plus le débit aspiré augmente, c'est pourquoi l'augmentation de la puissance est plus importante aux forts débits.

II-3-3- Mesure de la distribution des temps de séjour :

II-3-3-1- Démarche expérimentale :
Comme il a été décrit dans la première partie de ce chapitre, la distribution des temps de séjour (DTS) permet de caractériser les écoulements des phases gaz et liquide. Pour le gaz, la mise en œuvre d'une telle méthode parait difficile, le gaz ne sort pas d'une canalisation permettant de mesurer la concentration du traceur d'une part et l'injection est compliquée à mettre en œuvre d'autant plus qu'il est aisé de constater visuellement l'écoulement du gaz dans la cuve. En effet la visualisation de l'écoulement du gaz sous forme de bulles dans la cuve nous permet d'avoir une idée sur cet écoulement qui peut s'approcher d'un piston ou d'un réacteur parfaitement agité ou constater même la présence de zones mortes sans pour autant pouvoir les quantifier. Pour ceci des photos ont été prises et interprétées pour différents débits de liquide et de gaz. Pour la phase liquide, ce dernier circulant en circuit fermé il était utile d'effectuer des modifications sur l'installation afin de mettre en œuvre la DTS.

La distribution des temps de séjour dans le réacteur à jet vertical côté liquide a été déterminée en utilisant la méthode des traceurs. Cette méthode consiste à injecter, une fois le régime établi, un signal d'entrée à l'aide d'un traceur détectable à la sortie. Le traceur ne doit modifier en aucune façon l'hydrodynamique du réacteur et doit être inerte. Pour appliquer cette méthode à notre réacteur, il est nécessaire d'avoir un flux d'entrée et de sortie de liquide et donc d'ouvrir le réacteur côté liquide.

La particularité du réacteur à jet étant d'être constitué d'une cuve et d'une boucle de rétromélangeage, il est nécessaire que l'ensemble soit compris entre l'entrée et la sortie d'un flux auxiliaire.

Le flux d'entrée doit être tel qu'il ne perturbe pas l'hydrodynamique du réacteur et soit constant. Pour ce faire, on relie le réacteur à l'eau du robinet et une vanne qui permet le réglage du débit d'entrée. Le débit de sortie peut être également réglé à l'aide d'une vanne. Il doit être égal au débit d'entrée, de telle façon que la hauteur de liquide reste constante dans la colonne. L'égalité de ces débits est importante pour que l'on soit en régime permanent. Nous avons prévu une entrée d'eau au dessus de la cuve du réacteur, la sortie s'est effectuée en dérivé sur la boucle de circulation après la pompe.

La figure suivante illustre toute l'installation utilisée pour la DTS.

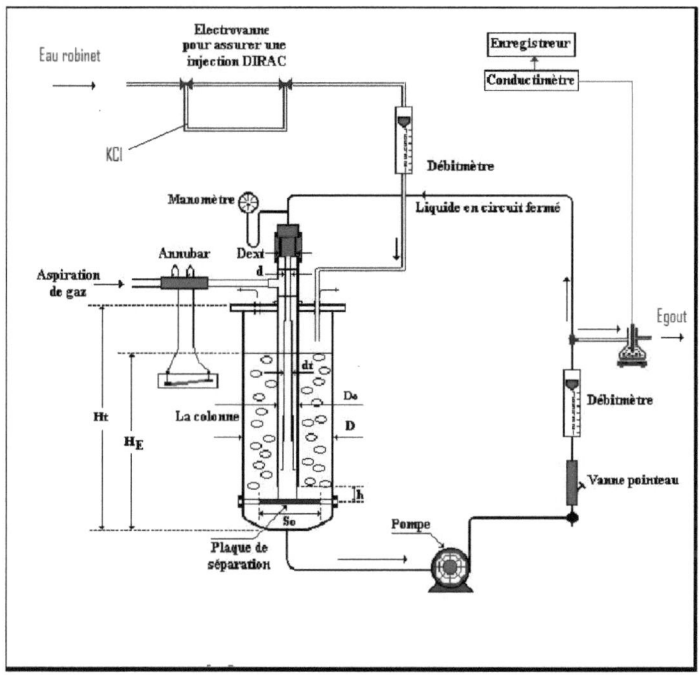

Figure 18: Schéma modifié de l'installation pour ma mise en œuvre de la DTS

L'injection du traceur est réalisée avec un système de 2 électrovannes entre lesquelles le traceur (100 ml de solution de KCl à 4 moles/l) est piégé. Ces deux électrovannes en position fermée laissent passer l'eau normalement sans être déviée dans la partie piégeant le traceur. En position ouverte le circuit est dévié vers le traceur qui sera donc injectée dans le réacteur et ainsi une injection type Dirac est réalisée sans perturber l'écoulement. L'injection est alors commandée par un bouton poussoir relié aux deux électrovannes et change la direction d'écoulement libérant ainsi la quantité de traceur contenue dans le tube.

La sortie du réacteur après la pompe passe à travers, un bêcher spécialement conçu pour recevoir la cellule conductimétrique. La conductivité est mesurée par un conductimètre XE130-Radiometer relié à un enregistreur.

Si le signal d'entrée est idéal, le détecteur de sortie doit avoir un temps de réponse négligeable devant le temps de séjour moyen du fluide dans le réacteur. Ce qui est vrai dans notre cas.

Les essais de DTS ont été réalisés pour un débit auxiliaire (Q_e) égal à 0,18 m³/h. Ce débit a été choisi pour des raisons expérimentales. Toute la plage de débit de liquide dans la boucle de recirculation a été balayée. Les résultats obtenus sont sous forme de courbes de conductivité en fonction du temps; un étalonnage préalable permettant de passer à la concentration en fonction du temps est nécessaire (annexe 11).

II-3-3-2- Résultats

II-3-3-2-1- Phase gaz : visualisation de l'écoulement des bulles

Pour les raisons citées ci-dessus concernant la caractérisation des écoulements dans le réacteur, l'écoulement du gaz n'a pu être étudié que visuellement. En effet l'écoulement des bulles a été filmé observé et photographié. Pour différents débits de liquide, indirectement débits de gaz, des photos ont été prises. Ces photos (figure 19) montrent qu'il existe un débit Q_L=3 m³/h (rapport L/G minimum) au dessous duquel les zones mortes ou en tous cas, des zones inaccessibles au gaz sont visibles.

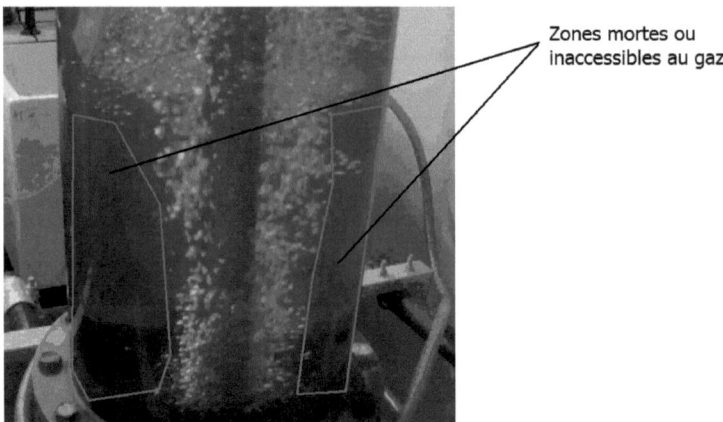

Figure 19: Les zones mortes dans le réacteur pour le débit de circulation Q_L=2,5 m³/h.

Réacteur bien mélangé

(pas de zones mortes)

Figure 20 : La disparation des zones mortes dans le réacteur pour le débit de circulation Q_L=5 m³/h.

En analysant ces photos on peut conclure que pour le débit de liquide de 2,5 m³/h par exemple (Figure 19) l'écoulement du gaz parait de type piston avec un éventuel court-circuit. En effet les bulles ont tendance à monter verticalement et près du tube coaxial ce qui laisse supposer que ces bulles quittent assez rapidement la cuve, synonyme de court-circuit. Alors qu'à des forts débits (figure 20) on remarque une agitation très intense qui permet de conclure probablement à un réacteur parfaitement agité. Quant à la phase liquide et pour les débits (Q_L<2,5 m³/h) (figure 19) on observe clairement des parties de réacteurs inaccessibles au gaz ce qui permet de faire deux hypothèses :

> - L'existence de zones mortes qui sont toutefois impossible à confirmer car l'agitation de la cuve est due à la fois à la turbulence des bulles mais aussi et surtout à la pompe de recirculation.

> - Pas de zones mortes mais seulement des zones inaccessibles au gaz et dans ce cas l'efficacité de transfert est diminuée.

Seule une étude de DTS peut trancher entre ces deux hypothèses.

II-3-3-2-2- Phase liquide : distribution des temps de séjour :

Les résultats de DTS obtenus pour différents débits de liquide ont l'allure des courbes présentées en exemple dans la figure (21), pour le débit d'entrée Q_e égal à 0,18 m^3/h et les débits extrêmes, c'est-à-dire 2,5 et 5,5 m^3/h.

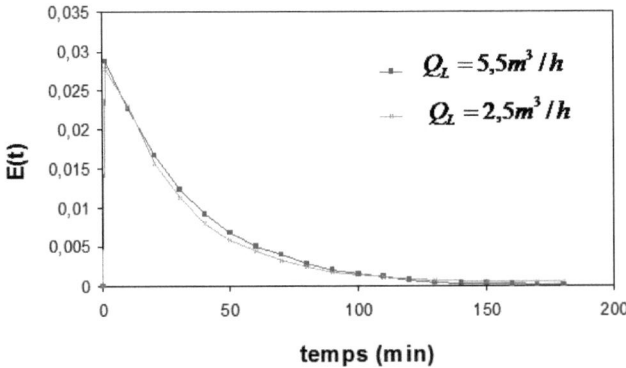

Figure 21 : courbe $E(t) = f(t)$ pour Q_e =0,18 m^3/h Q_L =2,5 m^3/h Q_L =5,5 m^3/h

L'interprétation de ces résultats est discutée dans la partie qui suit.

II-3-3-3- Etude numérique de la distribution des temps de séjour côté liquide

II-3-3-3-1- Modèle de cascade de N ROPA identiques

On peut assimiler l'écoulement du fluide dans un réacteur à un écoulement à travers N réacteurs ouverts parfaitement agités en séries de même volume V=Vr/N et de même temps de passage :

$$\tau = \tau_1 = \tau_2 = \ldots\ldots = \tau_i = \ldots.\tau_N = \frac{\tau_r}{N}$$ Eq. 55

Où τ_r est le temps de passage de la cascade de ROPA

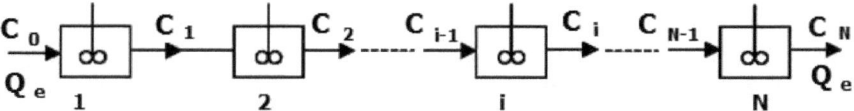

Figure 22 : Modèle des mélangeurs en cascades.

Si on considère que $C_{(i,t)}$ représente la concentration dans le réacteur i au moment t; le bilan massique dans le premier réacteur de la cascade au temps t s'écrit :

$$V.\frac{dC_{(1,t)}}{dt} = -Q_e C_{(1,t)}$$

Eq. 56

Soit

$$\frac{dC_{(i,t)}}{dt} = -\frac{1}{\tau}C_{(1,t)}$$

Eq. 57

Le bilan massique dans un réacteur i de la cascade au temps t s'écrit :

$$V.\frac{dC_{(i,t)}}{dt} = Q_e.(C_{(i-1,t)} - C_{(i,t)}) \qquad i=1,2,\ldots\ldots N$$

Eq. 58

Soit

$$\frac{dC_{(i,t)}}{dt} = \frac{1}{\tau}.(C_{(i-1,t)} - C_{(i,t)})$$

Eq. 59

Sur l'ensemble de la cascade de N réacteurs, on obtient le système suivant :

$$
\left\{
\begin{array}{l}
\dfrac{dC_{(1,t)}}{dt} = \dfrac{1}{\tau}.(C_{(0,t)} - C_{(1,t)}) \\[2em]
\dfrac{dC_{(2,t)}}{dt} = \dfrac{1}{\tau}.(C_{(1,t)} - C_{(2,t)}) \\[2em]
\vdots \\[1em]
\dfrac{dC_{(i,t)}}{dt} = \dfrac{1}{\tau}.(C_{(i-1,t)} - C_{(i,t)}) \\[2em]
\vdots \\[1em]
\dfrac{dC_{(N,t)}}{dt} = \dfrac{1}{\tau}.(C_{(N-1,t)} - C_{(N,t)})
\end{array}
\right.
\qquad \text{Eq. 60}
$$

C_0, la concentration à l'entrée du premier réacteur, est calculée à partir de la courbe expérimentale $C_{exp}(t)$ de la façon suivante :

$$
C_0 = \frac{\displaystyle\int_0^\infty C_{exp}(t).dt}{\delta(t)} \qquad \text{Eq. 61}
$$

Où $\delta(t)$ est la durée de l'impulsion Dirac.

Pour la résolution du système précédent, deux méthodes peuvent être utilisées : la méthode d'Euler et la méthode de Runge-Kutta. La première méthode est simple et la seconde n'est pas plus compliquée mais nécessite un temps de calcul plus long. Nous avons opté pour la méthode d'Euler.

II-3-3-3-1-1- Méthode de résolution numérique - Méthode d'Euler

L'évolution de la concentration du traceur à la sortie du réacteur i de la cascade de N réacteurs peut être exprimée par la relation de l'équation (Eq. 59) citée ci-dessus.

En utilisant la série de Taylor limitée à l'ordre 1 on obtient :

$$C_{(i,t+\Delta t)} = C_{(i,t)} + \Delta t \frac{dC_{(i,t)}}{dt}$$

Eq. 62

d'où :

$$C_{(i,t+\Delta t)} = C_{(i,t)} + \Delta t. \left[\frac{1}{\tau} C_{(i-1,t)} - \frac{1}{\tau} C_{(i,t)} \right]$$

Eq. 63

Sachant qu'à l'instant t = 0, on a :

$$C_{(1,0)} = C_0$$

$$C_{(2,0)} = C_{(3,0)} \dots\dots = C_{(N,0)} = 0$$

Le système d'équation (Eq. 60) est résolu avec un pas de temps théorique (Δt=1s). On s'arrête lorsqu'on atteint un temps qui correspond à la durée de la DTS expérimentale t_{max}

La courbe théorique de la concentration à la sortie du dernier réacteur (C_N) représente la courbe théorique de la concentration du traceur à la sortie du réacteur à partir de laquelle on peut déterminer la DTS théorique.

II-3-3-3-1-2- Résultats de la simulation numérique

L'algorithme de calcul est représenté en annex (14). Une programmation sur MATLAB permet d'obtenir un réseau de courbes théoriques de DTS sur différentes valeurs de N (N=1 ; 2; 3; 4; 10). Le nombre N de réacteurs constituant la cascade est le seul paramètre du modèle. L'identification paramétrique s'effectue par une comparaison entre les courbes expérimentales et les courbes théoriques.

La figure (23) représente les courbes de DTS pour un débit auxiliaire fixé à Q_e=0,18 m³/h. Les résultats expérimentaux correspondant aux deux débits de recirculation extrêmes sont représentés sur la même figure.

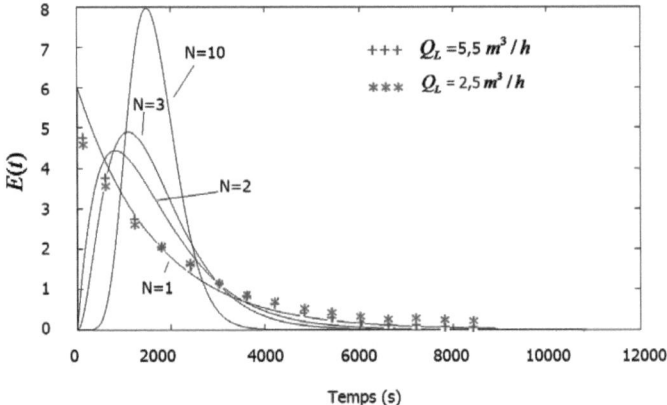

Figure 23 : Modèle cascade de ROPA : Q_e=0,18 m³/h

La comparaison des courbes expérimentales avec le modèle théorique nous conduit aux deux constatations suivantes :

- Les courbes de DTS expérimentales sont très proches de la courbe théorique correspondant à un ROPA ceci quel que soit le débit de recirculation,

- La courbes de DTS expérimentale pour le débit de 2,5 m³/h présente une trainée ce qui nous indique la présence probable de zones mortes au sein du réacteur. Ce qui pourrait être en accord avec ce qui a été constaté visuellement.

Suite à ces remarques et afin de mieux modéliser notre réacteur à jet, le modèle d'un réacteur parfaitement agité avec zones mortes a été étudié.

II-3-4 Modèle de réacteur parfaitement agité avec zones mortes

II-3-4-1 Présentation du modèle

Dans tout réacteur industriel, on peut remarquer des zones mal irriguées (coins, chicanes, coudes, canalisations,...). Le traceur va donc pénétrer dans ces zones par diffusion, puis il sera éliminé très lentement. En outre, le réacteur peut présenter des passages préférentiels appelés courts-circuits (position d'une déverse trop proche de l'alimentation,...) qui vont diviser le débit d'entrée. Ces deux types d'imperfection se détectent au moyen de la distribution des temps de séjour comme vu précédemment. Pour quantifier les zones mortes et/ou les court-circuits, on utilise le modèle de Cholette et Cloutier [Villermaux, 1993] qui est l'un des modèles les plus utilisés pour représenter un réacteur agité réel. Ce modèle comporte (figure 24) :

♣ une région active parfaitement agitée,

♣ une zone morte sans transfert de matière et

♣ un court-circuit,

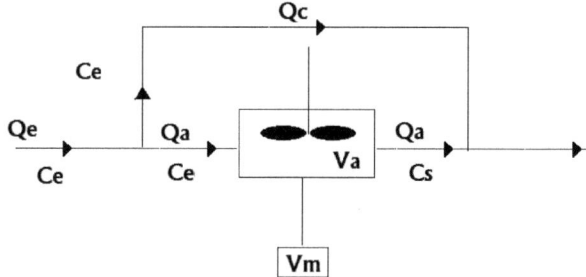

Figure 24 : Modélisation d'un réacteur réel - Modèle de Cholette et Cloutier

Où :

$$Q_e = Q_c + Q_a$$

$$V_r = V_a + V_m$$

Q_c : est le débit de court-circuit

V_r : le volume réactionnel

V_m : le volume mort

V_a : le volume accessible

La présence d'un court-circuit entrainerait une présence d'un pic qui précède le signal de sortie. Ceci n'a pas été observé au cours de notre étude expérimental. On rejette donc l'hypothèse concernant la présence d'un court-circuit. Par contre, on considère l'hypothèse de l'existence de zones mortes.

La concentration du traceur à la sortie de la région active obéit à l'équation

$$V_a.\frac{dC}{dt} = Q_a.C_e(t) - Q_a.C_s(t) \qquad\qquad \text{Eq. 64}$$

avec une injection impulsionnelle: $Ce(t) = 0$ quand t>0

$$\frac{-dC}{C_s(t)} = \frac{Q_a}{V_a}\,dt \qquad\qquad \text{Eq. 65}$$

$$\int_{C_0}^{C_s} \frac{dC}{C_s} = -\frac{Q_a}{V_a}\,.t \qquad\qquad \text{Eq. 66}$$

$$\frac{C_s}{C_0} = e^{\frac{-Q_a.t}{V_a}} \qquad\qquad \text{Eq. 67}$$

Soit β la fraction de volume accessible

$$\beta = \frac{V_a}{V_r} \qquad\qquad \text{Eq. 68}$$

$$\frac{C_s}{C_0} = e^{\frac{Q_a.t}{\beta.V_r}} \qquad\qquad \text{Eq. 69}$$

$$\frac{C_s}{C_0} = e^{\frac{t}{\beta.\tau}} \qquad\qquad \text{Eq. 70}$$

Avec $Q_a = Q_e$ si on rejette la présence d'un court-circuit.

La fonction E(t) s'écrit alors de la façon suivante :

$$E(t) = \frac{1}{\beta.\tau} e^{\frac{-t}{\beta.\tau}} \qquad\qquad \text{Eq. 71}$$

L'estimation de ce paramètre (β) peut se faire par la méthode de la « section d'or ».

II-3-4-2 Méthode de la section d'or

Le problème auquel on est affronté consiste à minimiser une fonction d'erreur F en utilisant la méthode de la section d'Or. La fonction d'erreur, définie à partir de la méthode des moindres carrées s'exprime par :

$$F(\hat{\beta}) = \sum_{j=1}^{M} \left(E_{\exp}(t_j) - E_{th}\widehat{(t_j)} \right)^2 \qquad\qquad \text{Eq. 72}$$

$\hat{\beta}$: valeur estimée de fraction β à identifier

$E_{\exp}(t_j)$: DTS mesurée à l'instant t_j

$E_{th}\widehat{(t_j)}$: DTS estimée par le calcul numérique au temps tj en considérant la valeur $\hat{\beta}$.

t_j : temps de mesure, j= 1,2,… M.

M : nombre de points de mesure.

La méthode de la section d'or permet alors l'ajustement du paramètre β en minimisant au sens des moindres carrés l'écart entre une courbe expérimentale et une courbe théorique calculée à partir du modèle d'écoulement considéré.

II-3-4-3 Résultats

Les deux figures suivantes : figure (25) et figure (26) présentent les courbes expérimentales et de modélisation obtenues pour les débits 2,5 m³/h et 5,5 m³/h respectivement.

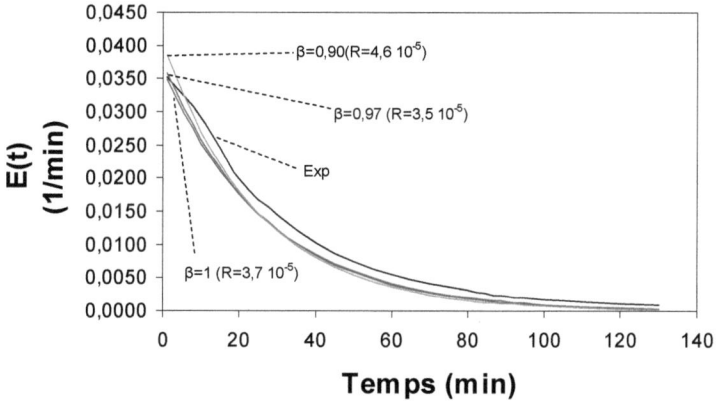

Figure 25: Modèle ROPA avec zones mortes : Q_L=2,5 m3/h, Q_e=0,18 m3/h

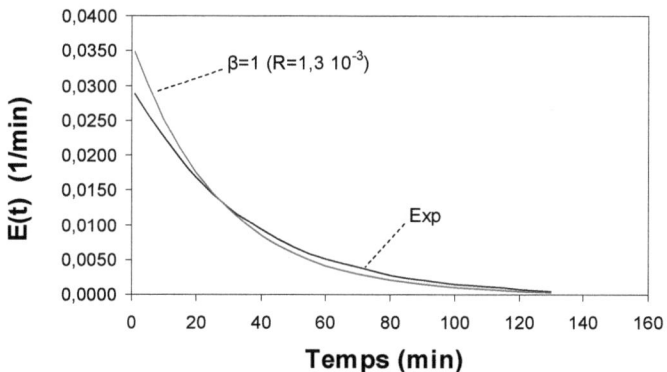

Figure 26: Modèle ROPA avec zones mortes : Q_L =5,5 m³/h, Qe=0,18 m³/h

On remarque bien une valeur de $\beta = 1$ pour le grand débit ce qui montre que le réacteur est parfaitement agité et ne présente pas de zones mortes, tandis que pour 2.5 m^3/h la valeur de β trouvée est de 0.97, autrement dit 3 % du réacteur sont des zones stagnantes comme il a été constaté visuellement à ce débit. Ceci montre que l'agitation du liquide est due non seulement à la pompe de recirculation mais aussi aux mouvements des bulles d'air dans le réacteur. Les autres débits ne présentent pas de zones mortes et notre réacteur est considéré comme parfaitement agité pour la suite du travail.

II-4- CONCLUSION

Dans ce chapitre la rétention gazeuse, la puissance consommée et la caractérisation des écoulements ont été étudiés. Les résultats obtenus pour la rétention gazeuse sont en accord avec la littérature. Les travaux concernant la puissance dissipée et la perte de charge vont être reliés aux résultats de transfert de matière obtenus au chapitre III et comparés aux résultats de la littérature. Quant à la caractérisation des écoulements, l'observation visuelle des bulles laisse penser plutôt à un réacteur piston côté gaz pour les faibles débits. Concernant la phase liquide le réacteur à jet est assimilable à 1 réacteur parfaitement agité mais avec des zones mortes de 3% du volume total au faible débit. Cette étude hydrodynamique nous permet de considérer notre réacteur comme parfaitement agité pour la suite du travail. De même, la modélisation du transfert de matière en fin de chapitre suivant est basée sur les résultats obtenus dans ce chapitre.

CHAPITRE III :
ETUDE DU TRANSFERT DE MATIERE

CHAPITRE III : ETUDE DU TRANSFERT DE MATIERE

III-1- THEORIES SUR LE TRANSFERT D'OXYGENE: TRANSFERT DE MATIERE GAZ-LIQUIDE

III-1-1- Introduction

Le transfert d'oxygène de la phase gazeuse vers la phase liquide d'un réacteur est généralement limité par le transfert à l'interface du côté liquide. En effet près de l'interface l'oxygène se dissout et diffuse vers la phase liquide dû à un mécanisme de transport par diffusion moléculaire. La définition du flux de transfert de matière dû à ce mécanisme de transfert par diffusion moléculaire est analysée mathématiquement à partir de la loi de Fick :

$$\varphi = -D_{AL} \cdot \overrightarrow{grad} \ \ C_{AL} \qquad\qquad \text{Eq. 73}$$

Où φ est le flux spécifique d'absorption gaz-liquide, D_{AL} est le coefficient de diffusion moléculaire et C_{AL} la concentration du soluté dans la phase liquide. Pour caractériser le transfert de matière dans une phase, un coefficient partiel ou local de transfert de matière k_L en phase liquide et k_G en phase gazeuse ont été définis. Ces coefficients représentent le rapport entre le flux d'absorption et une force motrice caractéristique qui peut être, selon la phase, un gradient de concentration ou de pression.

$$k_L = \frac{\varphi}{C_{Ai} - C_{AL}} \qquad\qquad \text{Eq. 74}$$

Où C_{AL} et C_{Ai} sont les concentrations du soluté A dans le liquide et à l'interface gaz-liquide respectivement.

$$k_G = \frac{\varphi}{P_{AG} - P_{Ai}} \qquad\qquad \text{Eq. 75}$$

Où P_{AG} est la pression partielle du soluté A dans la phase gaz et P_{Ai} sa pression partielle à l'interface gaz-liquide. Cependant, il est difficile de déterminer expérimentalement les compositions du soluté à l'interface. Il est donc préférable de définir des coefficients de transfert globaux tels que :

$$K_L = \frac{\varphi}{C_A^* - C_{AL}} \qquad\qquad \text{Eq. 76}$$

$$K_G = \frac{\varphi}{P_{AG} - P_A^*}$$

Eq. 77

où P_A^* et C_A^* sont des grandeurs fictives représentant la pression partielle et la concentration de phases qui seraient en équilibre avec des mélanges de pression partielle P_A et de concentration C_A.

D'après les relations d'additivité des résistances, la résistance globale au transfert est la somme des résistances globales dans les deux couches limites de part et d'autre de l'interface.

$$\frac{1}{K_G} = \frac{1}{k_G} + \frac{He}{k_L}$$

Eq. 78

$$\frac{1}{K_L} = \frac{1}{k_L} + \frac{1}{He.k_G}$$

Eq. 79

où He est la constante de la loi de Henry.

Lorsque le gaz est peu soluble, la constante de Henry est grande et la résistance de transfert de matière côté gaz est négligeable. Le phénomène d'absorption est alors contrôlé par la phase liquide et $K_L = k_L$.

III-1-2- Modèles de transfert de matière

Dans la littérature, il existe de nombreux modèles théoriques pour évaluer k_L. Les modèles du double film [Lewis et Whitman, 1924], de la pénétration [Higbie, 1935], du renouvellement de l'interface [Danckwerts, 1951] sont les principales approches théoriques. Ces modèles expriment le coefficient de transfert k_L en fonction des propriétés hydrodynamiques du système (temps de contact, épaisseurs de film) et des propriétés physico-chimiques (coefficient de diffusion). L'analyse dimensionnelle permet également d'évaluer le paramètre k_L.

III-1-2-1- Modèle du double film de Lewis et Whitman (1924)

Le modèle a le formalisme mathématique le plus simple de transfert aisément obtenu dans toute situation par intégration de la loi de Fick. Il suppose l'existence à l'interface de deux films d'épaisseur δ_L côté liquide et δ_g côté gaz. L'intérieur du film liquide est stagnant et seule la diffusion moléculaire assure le transport de matière vers la phase liquide à travers le film. La concentration du gaz à l'interface C_{Ai} qui est en équilibre avec la concentration au sein de la phase gazeuse C_{AG} décroît jusqu'à C_{AL} au sein du liquide où la convection est efficace et assure un mélange parfait de milieu.

$$\varphi = \frac{D_{AL}}{\delta_L}(C_{Ai} - C_{AL})$$ Eq. 80

soit :

$$k_L = \frac{D_{AL}}{\delta_L}$$ Eq. 81

De même, côté gaz :

$$\varphi = \frac{D_{Ag}}{\delta_g}(P_A - P_{Ai})$$ Eq. 82

soit :

$$k_g = \frac{D_{Ag}}{\delta_g}$$ Eq. 83

L'équation (Eq. 83) est en désaccord avec les corrélations empiriques entre k_L et D_{AL} qui donnent généralement une relation de type $k_L \sim D_{AL}^{0,5}$. Les épaisseurs δ_L et δ_G dépendent de la géométrie, des propriétés physiques et de l'agitation des phases. Elles sont les résultats des conditions hydrodynamiques de mise en contact du gaz et du liquide.

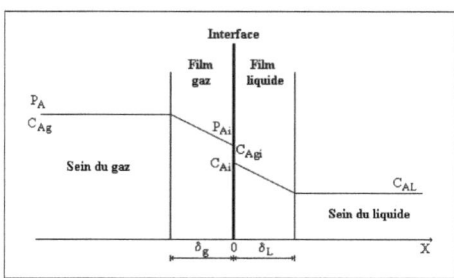

Figure 27 : Profil de concentration- modèle du double film

III-1-2-2- Modèle de pénétration de Higbie (1935):

Amenés par la convection près de l'interface les éléments de liquide sont en contact direct de l'interface (pas de film liquide) pour un temps identique pour tous les éléments. Ce temps de contact dépend des propriétés hydrodynamiques du système. Par diffusion moléculaire en régime transitoire, les éléments sont remplacés périodiquement par des éléments venus de l'intérieur du liquide. Chaque élément contient, au moment de son arrivé au contact de l'interface, la même concentration qu'au sein de la solution.

Le modèle de Higbie conduit à l'expression suivante du flux spécifique d'absorption

$$\varphi = 2\sqrt{\frac{D_{AL}}{\pi . t_C}}(C_{Ai} - C_{AL}) \qquad\qquad \text{Eq. 84}$$

Le coefficient de transfert de matière côté liquide, k_L, est donné en fonction du temps de contact:

$$k_L = 2\sqrt{\frac{D_{AL}}{\pi . t_C}} \qquad\qquad \text{Eq. 85}$$

La dépendance expérimentale entre k_L et D est alors confirmée. Par contre, le temps de contact est en général mal connu. En réalité, les temps de contact ne peuvent pas être considérés identiques pour chaque élément de liquide. C'est pourquoi un autre modèle a été proposé par la suite.

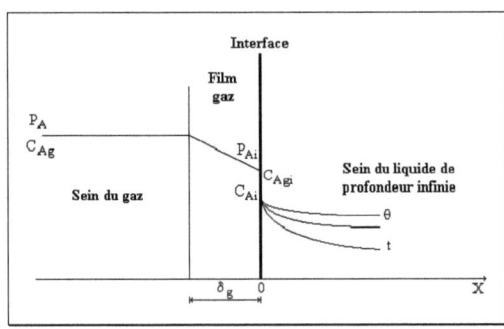

Figure 28: Profil de concentration- modèle de HIGBIE

III-1-2-3- Modèle de renouvellement de surface de Danckwerts (1951):

A la différence de Higbie, qui a supposé un temps de contact égal pour chaque élément de liquide, Danckwerts admet que la probabilité pour qu'un élément du liquide à l'interface soit remplacé par du liquide frais est indépendante du temps que cet élément a déjà passé au niveau de l'interface. Ce transfert de matière est plutôt caractérisé par un taux (vitesse) de renouvellement de surface (S). Représentant la fraction de surface renouvelée par unité de temps, cette vitesse rend compte des effets hydrodynamiques sur le transfert de matière comme l'indique l'expression du flux proposé par Danckwerts:

$$\varphi = \sqrt{D_{AL}.s}.(C_{Ai} - C_{AL}) \qquad \text{Eq. 86}$$

avec

$$k_L = \sqrt{D_{AL}.s} \qquad \text{Eq. 87}$$

On remarque que k_L est aussi proportionnel à $\sqrt{D_{AL}}$ ce qui est en accord avec les corrélations empiriques. 1/s est l'équivalent d'un temps de séjour moyen des éléments liquide à l'interface. Bien que les théories transitoires de Higbie et de Danckwerts soient plus proches de la réalité avec leur dépendance de k_L en $\sqrt{D_{AL}}$, la vieille théorie du double film reste la plus utilisée car son intérêt principal réside dans sa simplicité. Cette partie est nécessaire à la compréhension de la mise en œuvre d'une réaction chimique pour déterminer le coefficient de transfert de matière. Dans les contacteurs gaz-liquide, l'oxygène diffuse à travers l'interface; il est alors absorbé et peut éventuellement réagir avec la phase liquide. L'effet de la réaction chimique en phase liquide sur le transfert de matière est bien connu dans les opérations de traitement des effluents gazeux et liquides. Dans la littérature, le transfert en présence de la réaction chimique a été décrit abondamment notamment par Danckwerts, (1970).

III-I-3- Absorption gaz-liquide avec réaction chimique :

Soit un système gaz-liquide contenant un soluté gazeux A qui réagit de façon irréversible avec un réactif liquide B en présence du catalyseur C selon la réaction :

$$A + vB \xrightarrow{\ \ C\ \ } produits \qquad \text{(a)}$$

v: Coefficient stœchiométrique de la réaction chimique

Pour une réaction d'ordre m par rapport à A et n par rapport à B, la vitesse de consommation de A dans la phase liquide est de la forme :

$$r_A = k_{mn}[C_A]^m[C_B]^n$$

Eq. 88

avec

$$k_{mn} = kC_C^q$$

Eq. 89

k_{mn} est la constante cinétique de la réaction chimique :   (1/s)

k constant cinétique en L/mol.s

m, n et q: les ordres partiels respectifs par rapport à A, B et C.

C_A: Concentration du gaz dissous dans le liquide.

C_B: Concentration de réactif B dans la phase liquide.

C_C: Concentration de constituant C (Catalyseur) dans la phase liquide.

Avec les conditions aux limites suivantes, selon la figure (29) :

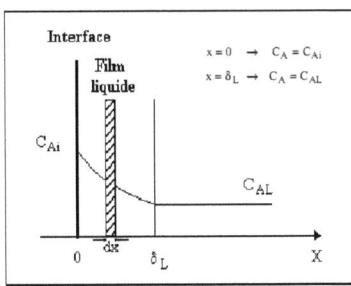

Figure 29: Les conditions aux limites pour les concentrations du gaz

La réaction chimique a deux effets sur le transfert :

- l'augmentation de la capacité d'absorption du liquide puisque le réactif fait disparaitre le soluté absorbé et donc la force motrice est maintenue constante.

- l'accroissement de la vitesse avec laquelle le soluté franchit l'interface pour passer dans le liquide et donc l'augmentation du coefficient de transfert de matière.

Ce dernier effet peut se traduire en multipliant le coefficient partiel (k_L) en phase liquide par un facteur E appelé facteur d'accélération, supérieur à 1. Le transfert à l'interface est donc accéléré par la réaction et s'écrit :

$$\phi = E k_L a (C_{Ai} - C_A)$$

Eq. 90

E est donné par le rapport des gradients de concentration à l'interface, en présence et sans réaction chimique.

III-1-3-1- Nombre de Hatta

La solution analytique pour le profil de concentration dans le film liquide fait apparaitre un groupe sans dimension appelé : le critère de Hatta, défini par :

Dans le cas d'une réaction d'ordre m+n,

$$Ha = \frac{1}{k_L} \sqrt{\frac{2}{m+1} k_{mn} D_A C_{Ai}^{m-1} C_B^n}$$

Eq. 91

Le nombre de Hatta représente l'importance relative du transfert de matière (k_L) et de la vitesse de réaction (k_{mn}). C'est ce nombre qui détermine si la réaction a lieu entièrement dans le liquide, dans le film diffusionnel ou dans les deux. Il indique également si le flux global d'absorption est déterminé par la cinétique de réaction ou par les caractéristiques du transfert de matière. Dans le cas d'une cinétique de premier ordre (m+n=1), ou de pseudo-premier ordre (le réactif B est en excès), l'équation (91) devient:

$$Ha = \frac{\sqrt{k_{mn} D_A}}{k_L}$$

Eq. 92

Dans laquelle k_{mn} est la constante de vitesse de pseudo-premier ordre (1/s)

Le facteur d'accélération E est lié au nombre de Hatta par une relation qui dépend du modèle de transfert de matière utilisé. Pour des réactions irréversibles de premier ou de pseudo-premier-ordre, les relations suivantes sont obtenues :

Modèle de Lewis et Whitman :

$$E = \frac{Ha}{thHa}$$ Eq. 93

Modèle de Danckwerts :

$$E = \sqrt{1 + Ha^2}$$ Eq. 94

Modèle de Higbie :

$$E = Ha\left[\left(1 + \frac{\pi}{8Ha^2}\right)erf\left(2\frac{Ha}{\sqrt{\pi}}\right) + \frac{1}{2Ha}\exp\left(-4\frac{Ha^2}{\pi}\right)\right]$$ Eq. 95

Dans tous les cas précédents, on peut trouver le facteur E en utilisant le diagramme de Van Krevelin et Hoftijzer (1948), en prenant en compte le nombre de Ha et le rapport N_2 appelé «rapport concentration / diffusion» défini par :

$$N_2 = \frac{D_{BL}.C_{BL}}{v.D_{AL}.C_{Ai}}$$ Eq. 96

où : D_{BL} est le coefficient de diffusion de B dans la phase liquide.

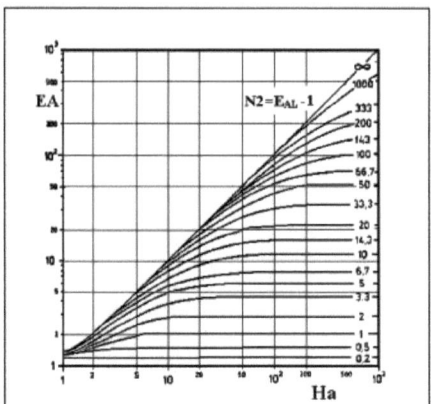

Figure 30: Evaluation de EA en fonction de Ha et de N_2- Diagrame de Van Krevelin et Hoftijzer (1948)

La valeur du critère de Hatta permet de distinguer un certain nombre de régimes réactionnels particuliers qui se caractérisent par l'importance relative du transfert de matière (k_L) et de la vitesse de la réaction chimique (k_{mn}). Pour chaque régime chimique, nous obtiendrons une expression du flux d'absorption et nous pourrons ainsi déterminer soit les coefficients de transfert de matière, soit l'aire interfaciale, soit les deux.

III-1-3-2- Régimes de réaction

III-1-3-2-a- réaction lente (Ha < 0,3)

La constante cinétique et le nombre de Hatta sont faibles, le facteur E est donc très proche de l'unité. Grace à cette vitesse de réaction assurée par ce régime ; la concentration du soluté dissous au sein du liquide est considérée comme nulle (ou proche de zéro) et la réaction a lieu au sein du liquide et que très peu dans le film. Le flux d'absorption dépend alors uniquement du transfert de matière à travers le film diffusionnel. L'équation (Eq. 90) devient :

$$\phi = k_L a . C_{Ai} \qquad\qquad \text{Eq. 97}$$

Ce régime permet donc de déterminer le coefficient volumétrique de transfert de matière $k_L a$ en mesurant tout simplement le flux d'absorption.

III-1-3-2-b- réaction intermédiaire (0,3 < Ha < 3)

Pour ce type de régime, la réaction est assez rapide pour que la réaction ait lieu simultanément dans le film et au sein du liquide. Donc une partie importante du gaz absorbé réagit dans le film diffusionnel et n'est pas transféré dans le liquide où la concentration C_{A0} est très faible. Le facteur d'accélération devient alors légèrement plus grand que 1 (E >1) et les effets de l'hydrodynamique et de la cinétique sont alors comparables.

Le flux d'absorption est donc déterminé par la relation :

$$\phi = a.C_{Ai} \sqrt{D_{AL}.k_{mn} + k_L^2} \qquad \text{Eq. 98}$$

Cette relation montre que les caractéristiques hydrodynamiques (a, k_L) et la cinétique chimique interviennent dans l'expression du flux. En faisant varier la constante cinétique de la réaction on peut déterminer simultanément l'aire interfaciale (a) et le coefficient de transfert de matière (k_L)

III-1-3-2-c- réaction rapide (Ha > 3)

La réaction a lieu exclusivement dans le film. La concentration en soluté (A) au sein du liquide est pratiquement nulle et le flux global d'absorption est :

$$\phi = a.C_{Ai} \sqrt{k_{mn}.D_{AL}} \qquad \text{Eq. 99}$$

Cette relation montre que le flux d'absorption est indépendant du coefficient de transfert de matière k_L. Ce résultat est à la base de la détermination de l'aire interfaciale a.

Remarque :

Le régime utilisé dans ce travail pour déterminer k_La par réaction chimique est le régime de réaction lente.

III-2- MÉTHODES DE DÉTERMINATION DU COEFFICIENT VOLUMÉTRIQUE DE TRANSFERT DE MATIÈRE k_La:

Le choix entre les méthodes pour mesurer k_La doit être effectué en tenant compte du type de solution utilisée (eau claire ou eau usée), des propriétés hydrodynamiques du réacteur (parfaitement mélangé ou non), des propriétés physico-chimiques du liquide, du type d'aération (surface, insufflation), du pouvoir d'aération, du matériel utilisé (dangereux ou non), les coûts ...

Pour mesurer le coefficient k_La il est préférable de mesurer directement l'ensemble du produit k_La car la mesure de k_L et a indépendamment est difficile et source d'erreurs.

Les méthodes de mesure du coefficient de transfert de matière k_La sont très diverses. Plusieurs méthodes sont citées dans littérature telles que les méthodes physiques ou avec réactions chimiques, méthodes de sonde, méthodes de régime stationnaire, méthodes de régime transitoires, méthodes applicables en eau claire, méthodes applicables en boues, etc...

Les méthodes physiques, dites aussi les méthodes à sondes d'oxygène consistent à mesurer le flux de transfert de matière par absorption ou désorption physique du gaz dans le liquide. L'absorption ou la désorption du gaz dans le liquide peut avoir lieu en régime transitoire ou en régime permanent. C'est le cas :

    - des méthodes qui consistent à étudier l'évolution de la concentration en oxygène en phase liquide en régime transitoire après avoir; soit dé-oxygéner la phase liquide comme la méthode de ré-oxygénation (applicable en eau claire et en boues), soit sur-oxygéner la phase liquide comme la méthode de peroxyde d'hydrogène (applicable en boues).

    - des Méthodes basées sur le bilan d'oxygène en phase gaz en régime permanent comme la méthode du bilan gazeux (applicable en eau claire et en boues).

Les méthodes chimiques ou méthodes mettant en œuvre une réaction chimique sont plutôt utilisées en eau claire. Il est en effet difficile de différencier le flux d'oxygène dû à la réaction chimique de celui utilisé par les boues. Ces méthodes consistent à calculer le flux d'oxygène absorbé durant la réaction et calculer le k_La dont l'expression dépend du régime chimique et de la cinétique de la réaction comme vu précédemment.

III-2-1- Mesure du coefficient volumétrique de transfert de matière k_La en eau claire

III-2-1-1- La méthode de réoxygénation (Gassing-out)

La plus publiée dans la littérature (ASCE 1992 ; Duchène et Héduit 1996 ; Norme CE12255:15 1998). Cette méthode est considérée comme une méthode standard de mesure du coefficient de transfert d'oxygène k_La en eau claire.

III-2-1-1-1- Principe

Le coefficient de transfert volumétrique k_La est déterminé en se basant sur le bilan d'oxygène par rapport à la phase liquide en régime transitoire. Cette méthode est facile à mettre en œuvre car l'oxygène à transférer est déjà présent dans l'air. Il s'agit de suivre l'évolution de la concentration de l'oxygène dissous dans le liquide après ajout de sulfite de sodium et de cobalt. La diminution de la concentration de l'oxygène est due à la réaction suivante :

$$Na_2So_3 + \tfrac{1}{2}O_2 \xrightarrow{Co^{2+}} Na_2So_4 \qquad\qquad (a)$$

En maintenant l'aération, la concentration de l'oxygène dissous dans le réacteur diminue par l'ajout de sulfite de sodium et du cobalt (Eq. a), s'annule pendant l'oxydation du sulfite puis remonte jusqu'à la saturation (Figure 31). La courbe de remontée permet d'évaluer le coefficient de transfert. Cette méthode ne doit pas être confondue avec la méthode avec réaction chimique ; le sulfite n'est utilisé ici que comme moyen de diminuer la concentration de l'oxygène afin de pouvoir suivre ensuite sa remontée.

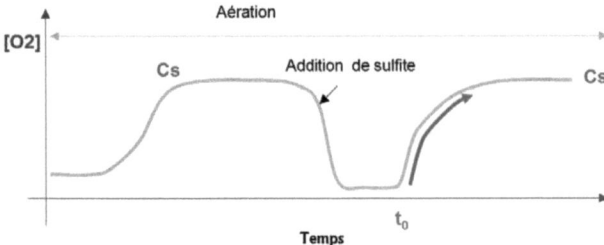

Figure 31 : Représentation de l'évolution de la concentration en oxygène dissous : réoxygénation de l'eau claire.

Si on considère que le réacteur est un réacteur parfaitement agité, que l'aire interfaciale est constante, que la concentration d'oxygène dans la phase gaz ne change pratiquement pas, et que la présence du sulfite n'accélère pas le taux de transfert d'oxygène, le bilan massique sur l'oxygène en phase liquide s'écrit:

$$\frac{dC}{dt} = k_L a \times (C_S - C_L(t)) \qquad\qquad \text{Eq. 100}$$

où :

$C_L(t)$: concentration en oxygène dissous à l'instant t (mg.L^{-1}),

C_S : concentration en oxygène dissous à saturation (mg.L^{-1}).

C_{min}: la concentration en oxygène dissous dans la phase liquide au début de l'oxygénation (t_0). L'intégration de l'équation (Eq. 100) donne:

$$\ln\left[\frac{(C_S - C_{\min})}{(C_S - C_t)}\right] = k_L a(t - t_0)$$ Eq. 101

Si on trace *ln* $(C_s\text{-}C_{min})/(C_s\text{-}C_t)$ en fonction du temps, on obtient une droite dont la pente correspond à $k_L a$. Pour obtenir des résultats fiables, seule la partie centrale de cette droite est utilisée dans les calculs, car la sensibilité de l'oxymètre sur les premiers et derniers points diminue avec des variations de concentrations plus faibles.

Le coefficient volumétrique de transfert de matière ainsi déterminé est rapporté à une température de référence de 20°C selon la formule de Bewler *et al.*(1970) :

$$(k_L a)_{20°C} = \frac{(k_L a)_T}{1.024^{(T-20°C)}}$$ Eq. 102

où *T* est le température de l'essai en °C.

III-2-1-2- Méthode des bilans gazeux

Cette méthode a été développée par Redmond *et al.* (1983) ; ASCE (1996); Gillot (1997). Initialement, l'analyse des gaz issus des systèmes biologiques était utilisée pour mesurer la respiration des microorganismes. Ensuite ces analyses donnant le taux d'oxygène ont été utilisées pour déterminer les performances d'oxygénation des systèmes d'aération [Gillot,1997]. Les bases théoriques de la méthode des bilans gazeux ont été mises à jour par Redmon et al. [1981]. Cette méthode s'applique en eau claire comme en boues mais elle ne sera utilisée dans notre étude que dans le cas de l'eau claire comme il est expliqué un peu plus loin.

La méthode des bilans gazeux fournit la mesure exacte et précise de transfert d'oxygène aux systèmes d'aération de fond à toutes les conditions de processus (n'exige pas de processus de charges stables). Quand elle est applicable, la méthode des bilans gazeux est recommandée pour l'analyse des systèmes d'aération diffusés (Capela et *al.* 2004).

III-2-1-2-1- Principe

Un bilan sur l'oxygène traversant le bassin d'aération basé sur la conservation de la matière et en régime permanent se résume de la façon suivante : la masse d'oxygène transférée dans la phase liquide et qui représente la capacité de transfert est égale à la masse d'oxygène injectée diminuée de la masse d'oxygène issue du bassin. Ceci se traduit par l'équation suivante :

$$q_e.\rho_e.y_e - q_s.\rho_s.y_s = k_L a.V_L.(C_s - C)$$ Eq. 103

dans laquelle :

 q_e : débit d'air insufflé,

 q_s : débit d'air issu du bassin d'aération,

 ρ_e : masse volumique d'oxygène dans l'air introduit,

 ρ_s : masse volumique d'oxygène en sortie de bassin d'aération,

 y_e : fraction molaire en oxygène dans l'air introduit,

 y_s : fraction molaire en oxygène dans le gaz issu du bassin d'aération,

 $k_L a$: coefficient de transfert d'oxygène,

 C_s : concentration d'oxygène dissous à saturation dans la phase liquide dans les conditions de la mesure,

 C : concentration d'oxygène dissous dans la phase liquide,

 V_L : volume du liquide,

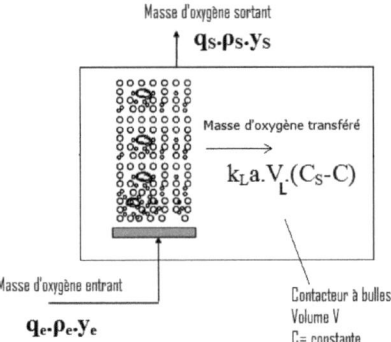

Figure 32 : Conservation de la matière appliquée à l'oxygène. Méthode des bilans gazeux

L'équation (Eq. 103) peut aussi s'écrire:

$$RO.Q_G.\rho_{O_2}.y_e = k_L a.V_L.(C_s - C)$$ Eq. 104

dans la quelle RO (%) est le rendement d'oxygénation : masse d'oxygène transféré sur masse d'oxygène injecté. RO s'exprime aussi à partir des fractions molaires en oxygène contenu dans l'air entrant et dans le gaz issu du pilote (gaz dépourvu de CO_2 et H_2O) selon l'équation (Eq. 105) [Redmon *et al.* 1983]:

$$RO = 1 - \frac{y'_s}{y'_e} \times \frac{1 - y'_e}{1 - y'_s} \qquad \text{Eq. 105}$$

y'_e : fraction molaire de l'oxygène dans l'air insufflé dépourvu de vapeur d'eau et de dioxyde de carbone.

y'_s : fraction molaire de l'oxygène dans le gaz recueilli au dessus du réacteur dépourvu de vapeur d'eau et de dioxyde de carbone.

Le coefficient de transfert d'oxygène k_La est alors déterminé par :

$$k_L a = \frac{RO.Q_G.\rho_{O_2} y_e.1000}{(C_s - C).V_L} \qquad \text{Eq. 106}$$

La méthode des bilan gazeux présente l'avantage de déterminer directement deux des critères principaux caractérisant les performances des dispositifs d'insufflation d'air : l'apport horaire (Eq. 5) et le rendement d'oxygénation (Eq. 8) sans perturber le fonctionnement de l'installation lors de la mesure.

Pour calculer le rendement à partir d'équation (Eq. 105), il suffit de mesurer la teneur en oxygène du gaz issu du pilote y_s dépourvu de dioxyde de carbone et de vapeur d'eau. La fraction molaire de l'oxygène contenu dans l'air insufflé y_e est supposée constante et égale à *0.2095*.

Selon l'équation (Eq. 106), la détermination du k_La implique une mesure exacte de la fraction molaire en oxygène dans le gaz issu du bassin d'aération (y_s) et d'une estimation de la concentration de saturation d'oxygène dans le bassin C_s. En conditions normales, l'expression du facteur k_La nécessite aussi la connaissance du potentiel de transfert (C_S-C). Une sonde est donc nécessaire pour mesurer **C**.

III-2-1-2-2- Application au réacteur à jet

Concernant notre réacteur à jet, la concentration en oxygène dans la phase liquide est amenée à zéro, par ajout de Na_2SO_3 en excès, et le transfert est maximum. La fraction molaire en oxygène y_s dans le gaz sortant du réacteur atteint alors un palier à une valeur inférieure à la valeur d'entrée y_e.

L'utilisation du sulfite, est couramment citée dans la littérature [Amiel et *al.*, 2002 ; Gillot *et al.*, 2004 ; Painmanakul, 2005 ;Fyferling, 2007 ; Benadda *et al.*, 1996]. En présence de sulfite de sodium la concentration dans l'eau est nulle et la relation précédente devient alors:

$$k_L a = \frac{RO.Q_G.\rho_{O_2}.y_e.1000}{C_S.V_L}$$

Eq. 107

Soit dans les conditions standards :

$$k_L a_{20} = \frac{RO_S.Q_G.\rho_{O_2}.y_e.1000}{C_{S,S}.V_L}$$

Eq. 108

où ROs est le rendement standard :

$$ROs = RO \times \theta^{(20-T)} \times \frac{C_{s,s}}{C_s}$$

Eq. 109

C_S représente la Concentration d'oxygène à saturation en solution de sulfite dans les conditions de la mesure.

Cs,s :Représente la Concentration d'oxygène à saturation en solution de sulfite dans les conditions standard.

La solubilité d'oxygène dans les solutions de sulfite peut être obtenue à partir de la littérature [Linek *et al.*1981].

Contrairement à la méthode en régime transitoire, aucune hypothèse sur l'écoulement de la phase liquide n'est à réaliser puisque dans ce cas, la concentration en oxygène de la phase liquide reste nulle.

III-2-1-3- La méthode utilisant une réaction chimique

Cette technique a été utilisée par de nombreux auteurs (Linek *et al.*, 1987; ASCE, 1992; Lara Marquez *et al.*, 1994 ; Benadda *et al*, 1995 ; Benadda *et al*, 1997) avec des conditions expérimentales plus ou moins rigoureuses. Le système chimique le plus utilisé est l'absorption de l'oxygène par une solution aqueuse de sulfite de sodium catalysée par un oxyde métallique bivalent tell que le sulfate de cobalt Co So4. (Amiel *et al.*, 2002 ; Therning *et al.*, 2005 ; Blazej *et al.*, 2004 ; Linek *et al.*, 2005).

La cinétique de cette réaction est d'ordre 0 par rapport au sulfite si sa concentration est supérieure à 0,3 M, de premier ordre en cobalt, et de deuxième ordre en oxygène .

III-2-1-3-1- Principe

Le flux d'oxygène absorbé peut être déterminé en suivant la concentration de sulfite dans le réacteur durant la réaction qui s'écrit :

$$Na_2So_3 + \tfrac{1}{2}O_2 \xrightarrow{Co^{2+}} Na_2So_4$$

Eq. 110

Si on respecte les hypothèses suivantes : l'addition du sulfite ne modifie pas l'hydrodynamique du milieu, la réaction est lente mais suffisamment rapide comparée au transfert d'oxygène. Le bilan matière sur le sulfite de sodium en phase liquide donne :

$$\phi(O_2) = \frac{1}{2} \times \frac{dC(SO_3)}{dt}$$

Eq. 111

dC_{SO_3}/dt : Variation de la concentration du sulfite en phase liquide en fonction de temps. Elle est linéaire (figure 33) et sa pente permet de calculer le flux $\phi(O_2)$.

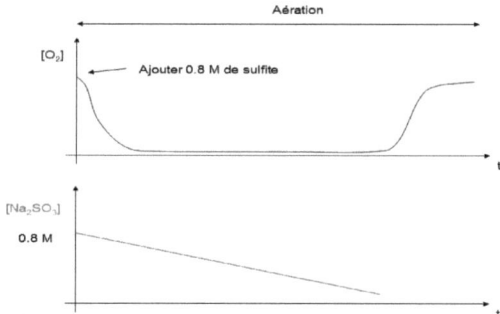

Figure 33 : Evolution de la concentration d'oxygène dissous et de la concentration du sulfite de sodium dans la phase liquide.

Comme:

$$\phi_{O2} = k_L a \times C_s$$

Eq. 112

C_s : Solubilité d'oxygène dans les solutions de sulfite.

k_La peut donc être déterminé par:

$$k_L a = \frac{1}{2} \times \frac{dC(SO_3)}{C_S \times dt}$$

Eq. 113

III-2-1-3-2- Quelques remarques concernant cette méthode

- Il est bien connu que la cinétique de cette réaction demande beaucoup de vigilance. Même si elle a fait l'objet de plusieurs études, le processus réactionnel n'est toujours pas définitivement établi. C'est une cinétique sujette à de grandes variations qu'elle attribue en général à la qualité du milieu et notamment à la présence d'impuretés qui influencent les propriétés catalytiques. Delaloye (1986) a montré que même avec des essais répétés à l'aide d'un milieu provenant d'une même solution, préparée au préalable en grande quantité, donnent des dispersions du groupe de coefficient (k.D) de l'ordre de 20%.

- L'utilisation du sulfite de sodium, dans les réacteurs chimiques, peut modifier l'hydrodynamique du réacteur s'il est utilisé en grande concentration et a tendance à donner des mousses et donc une surestimation de l'aire intefaciale autrement du k_La.

- La cinétique de la réaction k (1/s) et la solubilité d'oxygène dans les solutions de sulfite sont difficiles à estimer de manière précise ce qui induit des erreurs sur k_La. En plus la réaction d'oxydation des ions sulfites étant exothermique, une grande variation de la température au cours de l'essai peut avoir une influence sur la concentration de saturation en oxygène dissous ce qui peut fausser les résultats.

Malgré ces inconvénients l'oxydation du sulfite de sodium reste de loin la plus utilisée pour la détermination des paramètres de transfert de matière et en particulier les aires interfaciales, certainement pour sa facilité de mise en œuvre (produit pas cher, dosage simple etc.).

III-2-2- Mesure du coefficient volumétrique de transfert de matière k_La' en présence de boues

Différentes méthodes de mesure de transfert d'oxygène en présence de la culture bactérienne sont utilisées, sans qu'aucune ne fasse l'unanimité à ce jour [Gillot, 1997)]. On distingue les méthodes stationnaires (concentration constante en oxygène dissous : respiration des boues, bilans gazeux) des méthodes non stationnaires (concentration en oxygène dissous non constante : réoxygénation des boues, ajout de peroxyde d'hydrogène, gaz traceurs).

Concernant notre réacteur à jet, avec une quantité de 83 litres de boues, le taux de consommation d'oxygène par les micro-organismes n'est pas suffisant pour consommer tout l'oxygène transféré. La concentration d'oxygène dissous n'est pas nulle et le transfert est faible car la force motrice (C'$_s$-C) est faible et par conséquence la différence y_e - y_s n'est pas suffisante pour obtenir des résultats fiables. Donc k_La' ne peut pas être déterminé en boues par la méthode des bilans gazeux dans notre réacteur. Et pour les mêmes raisons la méthode de respiration des boues n'est pas applicable non plus à notre réacteur.

Quant à la méthode des gaz traceurs, elle est difficile à mettre en œuvre pour des raisons de sécurité et de moyens de mesure. Seules les deux méthodes, d'ailleurs les plus utilisées, en l'occurrence le peroxyde d'hydrogène et la réoxygénation des boues seront mises en œuvre dans notre travail.

III-2-2-1- Méthode du peroxyde d'hydrogène

L'utilisation de peroxyde d'hydrogène en processus biologiques présente une technique alternative de réoxygénation avec l'avantage de diminuer les délais d'oxygénation et d'éviter toute perturbation du signal de l'oxygène dissous dû à l'adhérence de fines bulles à la sonde de l'oxymètre [Tusseau, 2000].
Les méthodes du peroxyde sont convenables pour tous les types d'aération et recommandées par la ASCE dans le but de mesurer le transfert d'oxygène en processus biologiques [Kayser,1979; Mueller and Boyle, 1988; Rezette *et al.*, 1996].

III-2-2-1-1- Principe

Cette technique (Figure 34) est basée sur le suivi de la diminution de la concentration en oxygène dissous dans la phase liquide préalablement sursaturée en oxygène par l'addition de peroxyde d'hydrogène qui produit de l'oxygène selon l'équation (b), tout en maintenant la puissance des aérateurs constante.

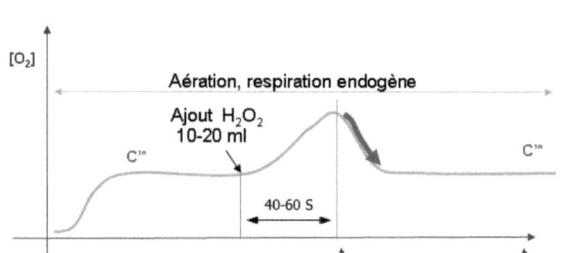

$$2H_2O_2 \rightarrow 2H_2O + O_2$$

(b)

Figure 34 : Evolution de la concentration d'oxygène : méthode du peroxyde d'hydrogène
C'* : Concentration à l'équilibre

La dissociation du peroxyde d'hydrogène est accélérée par un catalyseur, comme les ions de fer ou des enzymes existant naturellement dans les boues activées. Cette décomposition a lieu en quelques minutes.

III-2-2-1-2- Théorie, procédure

Si on applique des conditions d'aération en absence d'alimentation des boues ; Le bilan matière effectué sur l'oxygène dans la phase liquide s'écrit :

$$\frac{dC}{dt} = k_L a' (C_s - C_t) - r$$

Eq. 114

avec :

   $k_L a'$: le coefficient de transfert de matière en boues.

   r : le flux de respiration des bactéries,

   C'_s : la concentration de saturation d'oxygène en boues,

En maintenant l'aération, la concentration de l'oxygène devient stable et on arrive aux conditions de respiration endogène. Cette concentration, notée C'*, est la concentration d'équilibre. L'une des importantes hypothèses de cette technique est que le flux de respiration endogène de bactérie reste constant pendant toute l'expérience.

Le flux de respiration endogène de bactérie peut être donc déduit de l'équation (Eq. 114) avec $\frac{dC}{dt}=0$, ce qui donne :

$$r = k_L a' (C'_s - C'^*)$$

Eq. 115

En maintenant les conditions d'aération, l'addition du peroxyde augmente artificiellement la concentration d'oxygène dissous au-dessus du niveau de saturation. L'évolution de la concentration d'oxygène peut être donnée en remplaçant r dans la relation (114) :

$$\frac{dC}{dt} = k_1 a' (C'^* - C_t)$$

La concentration d'oxygène dissous dans les boues activées atteint la sursaturation et devient maximale (C_{max}). Après une dissociation totale du peroxyde, la concentration d'oxygène diminue dans les boues pour atteindre la concentration d'équilibre (C'^*) obtenue avant l'ajout du peroxyde d'hydrogène.

Comme dans la méthode du gassing-out, l'enregistrement de l'évolution de la concentration d'oxygène dissous permet de déterminer le coefficient de transfert de matière $k_L a'$ selon de l'équation :

$$\ln\left[\frac{(C'^* - C_{max})}{(C'^* - C_t)}\right] = k_L a' \times [t - t_0] \qquad \text{Eq. 116}$$

Si on trace $\ln(C'^* - C_{max})/(C'^* - C_t)$ en fonction du temps on obtient une droite dont la pente donne la valeur de $k_L a'$, qui est corrigé à 20 °C selon toujours la même relation (Eq. 92).

Connaissant les niveaux initial (C_{max}) et final (C'^*) du signal de concentration, il est donc possible de déduire la valeur de $k_L a'$ sans qu'il soit nécessaire d'estimer le flux de respiration de bactérie durant la période de décroissance.

Cette méthode présente quelques avantages mais aussi quelques inconvénients. En effet elle préserve l'hydrodynamique du bassin car l'aération est maintenue en fonctionnement continu. En plus, elle permet d'obtenir une grande différence de concentration d'oxygène dissous, ce qui rend possible la mesure quand la puissance de l'aération est faible. Par contre sa mise en œuvre impose une respiration constante des boues. Les essais doivent être réalisés sur une période durant laquelle la charge organique admise dans le bassin d'aération est relativement stable. Par ailleurs, bien qu'un petit pourcentage des bactéries puisse être tué par H_2O_2, cette technique est recommandée par la ASCE pour mesurer le transfert d'oxygène en processus biologiques car cela n'affecterait pas le métabolisme des boues dans l'ensemble. Un autre avantage de cette méthode réside dans le fait que le transfert peut être mesuré sans qu'il soit nécessaire d'estimer le flux de respiration des bactéries. Et enfin la manipulation d'un produit chimique comme le peroxyde d'hydrogène nécessite des précautions d'utilisation.

III-2-2-2- Méthode de réoxygénation de boues

Méthode physique due à Bandyopadhyay *et al.*, (1967) elle a le même principe que la méthode du peroxyde d'hydrogène (en boues) et la méthode de réoxygénation d'eau claire en utilisant une sonde pour suivre la concentration d'oxygène transféré.

III-2-2-2-1- Principe

Si l'aération est coupée, au cours d'une culture, la concentration d'oxygène dissous commence à chuter (Figure 35). Lorsque la concentration a suffisamment baissé jusqu'à environ (1 mg/l), l'aération est remise en fonctionnement.

Le suivi de la concentration d'oxygène en fonction du temps, lors de ce retour à la valeur initiale, nous permet d'obtenir les valeurs de k_La'.

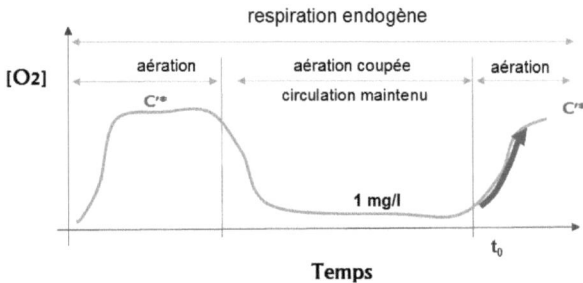

Figure 35 : Schéma de la forme du signal de concentration d'oxygène: la méthode de la réoxygénation des boues. C'* : la concentration d'équilibre.

Bien qu'elle se base sur le même principe que la méthode de gassing-out et la méthode du peroxyde d'hydrogène (évaluation de la concentration d'oxygène en phase liquide par une sonde) la méthode de réoxygénation des boues se distingue de la méthode de gassing-out par le fait que la diminution de la concentration d'oxygène, se fait par la respiration des bactéries après avoir arrêté l'aération. Avec le gassing-out, la diminution de la concentration d'oxygène se fait par l'addition du sulfite en maintenant l'aération. Par ailleurs, elle se distingue de la méthode du peroxyde par le fait que dans cette dernière, la phase liquide est sursaturée en oxygène, par l'addition du peroxyde, en maintenant l'aération.

<u>*III-2-2-2-2- Inconvénients & limites*</u>

- En cas des boues trop chargées où le flux de respiration des bactéries est élevée, la concentration d'équilibre (C'^*) est très faible. Dans ce cas, il ne serait pas possible d'enregistrer une croissance du signal de la sonde dans une gamme suffisante. Ce qui rend impossible l'application de cette méthode quand les systèmes montrent un niveau faible de pouvoir d'aération. Ça veut dire que le flux d'oxygène transféré doit être toujours significativement plus élevé que le flux d'oxygène consommé par la biomasse [Tusseau, 2000; Mossier, 1988].

- L'autre inconvénient de cette méthode est dû au fait que même si on peut dissocier les fonctions d'aération et de mélange, la perturbation causée par l'arrêt d'aération peut induire un biais dans l'essai, ce qui peut conduire à des valeurs de k_La sous estimées [Capela *et al.*, 2004].

III-3- DÉTERMINATION DU COEFFICIENT VOLUMETRIQUE DE TRANSFERT DE MATIERE k_La. RÉSULTATS EXPÉRIMENTAUX

III-3-1- Résultats obtenus en eau claire

<u>III-3-1-1- La méthode de réoxygénation (Gassing-out)</u>

Pour mettre en évidence l'influence du débit de circulation et du débit d'air sur le k_La; diverses expériences ont été réalisées en faisant varier les conditions opératoires. La température de l'eau reste stable à plus ou moins un degré tout au long de chaque essai.

<u>*III-3-1-1-1- Temps de réponse de la sonde*</u>

Dans un régime transitoire, la détermination de k_La par l'équation (Eq. 101) implique l'utilisation d'une sonde de temps de réponse rapide. Blazej *et al.,* (2004) mettent deux conditions pour déterminer k_La par cette méthode : un temps de réponse ne dépassant pas 3s et des valeurs de k_La inférieures à 0.3 s^{-1}. En effet, le temps de réponse de notre sonde est inférieur à 1,5 s et nos expériences ont confirmé que les valeurs de k_La obtenues dans ce travail ne dépassent pas 0.2 s^{-1} ; ce qui permet de valider la méthode.

III-3-1-1-2- Quantité du sulfite et de cobalt

Le sulfite est ajouté pour ne consommer que l'oxygène dissous (pas celui transféré). La quantité dépend du type du réacteur et des conditions d'aération. L'ajout de cobalt est indispensable afin d'éviter la présence de sulfite résiduel en début de réoxygénation. Des travaux antérieurs réalisés sur ce même réacteur ont montré qu'une concentration de Na_2SO_3 d'environ 0.16 g/L et une concentration de $CoSO_4$ d'environ 0.01 g/l ($6.5 \ 10^{-5}$ mol/L) peuvent répondre aux conditions citées ci-dessus.

III-3-1-1-3- Etalonnage de l'oxymètre

L'évolution de la concentration de l'oxygène en phase liquide et de la température sont suivies à l'aide d'une sonde à oxygène de type YSI modèle 5739 Field Probe, placée au milieu du réacteur et connectée à un oxymètre YSI modèle 54 ARC. L'étalonnage est réalisé à chaque modification des conditions opératoires. Pour ce faire, on sature l'eau de la colonne en oxygène en faisant fonctionner l'installation pendant une vingtaine de minutes au débit de liquide auquel on va réaliser les mesures. On règle la concentration lue à la valeur de saturation correspondant à la température du liquide et à la pression atmosphérique ambiante mesurée. Cette concentration théorique est donnée par la norme française [AFNOR, T 90 032 , 1975] pour la solubilité de l'oxygène dans l'eau.

III-3-1-1-4- Effet de la position de la sonde dans le réacteur

L'étude de l'influence de la position de la sonde de l'oxymètre sur les concentrations en oxygène dans le réacteur à montré qu'il n'y a pas de différence significative sur les valeurs données par l'oxymètre lorsque la sonde était située en bas de colonne ou à un niveau plus élevé. Ce qui confirme aussi l'hypothèse d'un réacteur parfaitement agité et l'absence d'effet de pression sur la saturation. La sonde a été donc mise à mi-hauteur du réacteur.

III-3-1-1-5- Résultats expérimentaux

Le tableau (7) présente les conditions opératoires utilisés pour déterminer k_La par la méthode du gassing-out.

T (°C)	[Na₂SO₃] (mg/L)	[CoSO₄] (mg/L)	Q_L (m³/h)	Q_G (m³/h)	P (atm)	V (L)
20–25	160	10	4,0-6	5,13 -10,12	1	83

Tableau 7: Conditions opératoires : méthode de gassing-out

La figure (36) montre un exemple de l'évolution de la concentration d'oxygène dissous en fonction du temps dans le réacteur pour les débits de circulation de 4 et 5,5 m³/h. Quelques exemples de l'enregistrement de la concentration de l'oxygène dissous sont donnés en annexe (5).

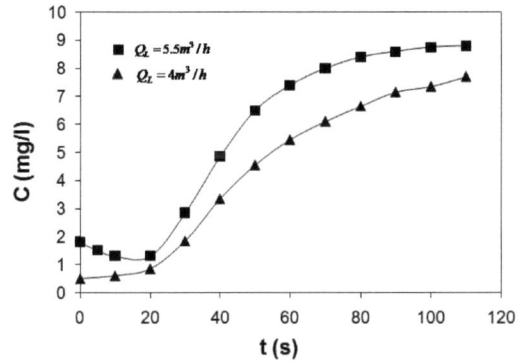

Figure 36 : Evolution de la concentration d'oxygène dissous en eau claire: méthode de gassing-out

L'aération étant maintenue en permanence, il n'est pas possible d'obtenir une consommation totale de l'oxygène dissous, mais seulement un palier de concentration minimum C_0. Cependant, comme on s'intéresse dans cette méthode à l'évaluation de la concentration d'oxygène dissous, cette démarche est tout à fait satisfaisante pour déterminer $k_L a$. L'équation (Eq. 101) est représentée par une droite (Figure 37) dont la pente représente la valeur de $k_L a$ à la température d'essai.

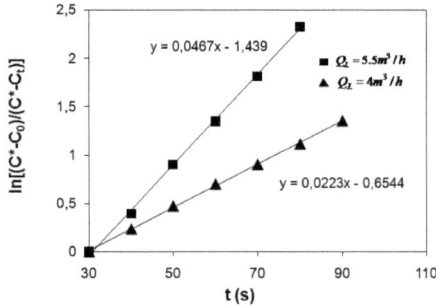

Figure 37 : Calcul de k_La par la méthode de gassing-out.

Dans le tableau (8) toutes les valeurs expérimentales de k_La corrigé à la température de référence 20°C sont regroupées. L'évolution de k_La en fonction des débits Q_L est linéaire et est représentée par la Figure (38).

Q_L m³/h	T °C	k_La_T 1/s	k_La_{20} 1/s
4	20	0,022	0,022
5	14	0,033	0,038
5,5	20	0,047	0,047
6	14	0,054	0,062

Tableau 8 : Valeurs de k_La : méthode de gassing-out.

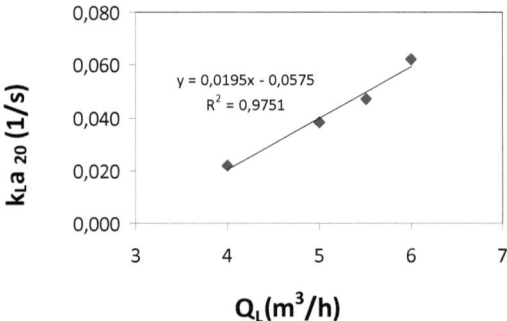

Figure 38 : Evaluation de k_La en fonction de Q_L: méthode de gassing-out.

III-3-1-2- Méthode des bilans gazeux

Le suivi des fractions molaires d'oxygène d'air sortant du réacteur est effectué par un analyseur paramagnétique d'oxygène modèle T11 (Annexe 10) relié à un enregistreur. Quand le régime devient stationnaire; la valeur de y_s est notée et utilisée ensuite pour le calcul de **RO** puis k_La (Eq. 105 et Eq. 108).

Les conditions opératoires appliquées pour cette méthode sont données dans le tableau (9).

T (°C)	[Na_2SO_3] (mol/L)	[$CoSO_4$] (mol/L)	Q_L (m^3/h)	Q_G (m^3/h)	P (atm)	V (L)
20–30	0,019	0	3-6	3,42-6,84	1	83

Tableau 9: **Conditions opératoires : méthode des bilans gazeux.**

Dans le tableau (10) sont résumées les valeurs de k_La_{20} pour différentes conditions opératoires calculées à partir de l'équation suivante :

$$k_La_{20}(1/s) = RO_S \times \frac{Q_G(m^3/h) \times \rho(kg/m^3) \times y_e \times 1000}{C_{S,S}(mg/l) \times V(m^3) \times 3600}$$

Eq. 117

Q_L m^3/h	Q_G m^3/h	T moyenne (°C)	C_S mg/L	y_S	RO %	RO_S %	k_La_{20} 1/s
3	3,42	22	8,6	0,185	14,1	14,1	0,056
4	5,13	22	8,6	0,183	15,2	15,2	0,091
5	6,84	26	8	0,182	15,8	15,4	0,132
6	10,12	23	8,5	0,184	14,7	14,5	0,172

Tableau 10 : **Valeurs de k_La_{20} : méthode du bilan gazeux.**
avec: $C_{S,S20}$= 9 mg/l, y_e=0.209 ; V=0.083 m^3 ; ρ=1.43 kg/m^3

La figure (39) montre un exemple de la variation de l'oxygène contenu dans le liquide et dans le gaz sortant du réacteur pour un débit de circulation de 5 m³/h. Les allures des autres courbes ont la même forme. Quelques exemples de l'enregistrement de la concentration de l'oxygène dissous sont donnés en annexe (6).

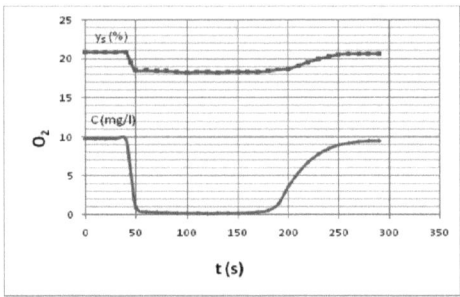

Figure 39 : Un exemple de variation de l'oxygène contenu dans le liquide et dans le gaz sortant du réacteur

La teneur en oxygène dans le gaz issu de la cuve est constante (18.2 % ± 0.1%), tant qu'il reste du sulfite dans la masse d'eau, correspondant à un rendement d'oxygénation standard (ROs) de 15.4 % pour un débit de 5 m³/h. Par ailleurs, ce rendement obtenu en fonction du débit de circulation (Figure 40) montre que le réacteur est plus performant pour les débits moyens de circulation (4 et 5 m³/h). Le rendement faible pour les débits faibles peut être expliqué par le fait que le temps de séjour de la bulle d'air est faible avec une agitation peu intense et des rétentions de gaz faibles. L'effet positif du mélange sur le rendement diminue avec l'augmentation du débit de circulation. Ce qui explique la diminution de rendement pour les grands débits. En fait en général, dans les systèmes de diffusion d'air, où le mélange est indépendant du débit d'air, le rendement diminue avec l'augmentation du débit d'air.

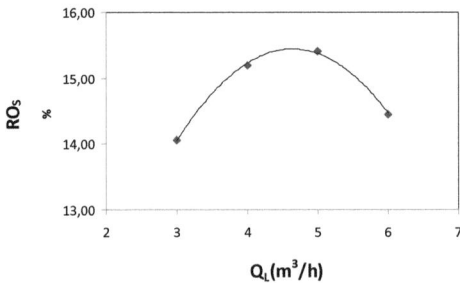

Figure 40 : Evolution du rendement en fonction de Q_L: méthode du bilan gazeux

Le coefficient k_La_{20} augmente d'une façon linéaire en fonction du débit de recirculation Q_L comme représenté dans la figure ci-après.

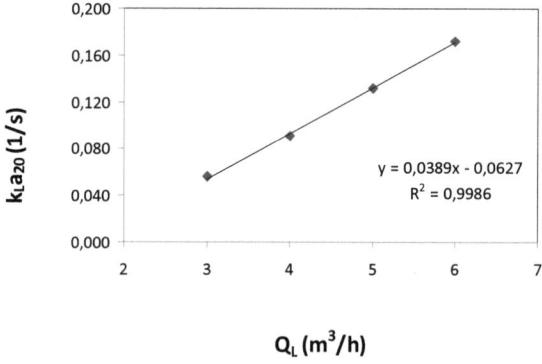

Figure 41 : Évolution de k_La_{20} en fonction de Q_L: méthode du bilan gazeux

III-3-1-3- La méthode avec réaction chimique

La démarche expérimentale consiste à remplir le réacteur d'une solution de sulfite de sodium de concentration 0,8 mol/L environ. Le régime de réaction lente est respecté en utilisant une concentration convenable de sulfate de cobalt de 2.10^{-5} mol/L. Le pH de la solution est fixé entre 7,5 et 8 en ajoutant de l'acide chlorhydrique. Des échantillons de la solution sont pris au fur et à mesure selon le protocole défini dans APHA (1975) (Annexe 3 et 7). Ils sont analysés par titrage iodométrique. La solubilité d'oxygène dans les solutions de sulfite C^*_{SO3} peut être obtenue à partir de la littérature [Linek *et al.*1981].

Les conditions opératoires utilisées sont données dans le tableau ci-après :

Q_L (m^3/h)	Q_G (m^3/h)	T (°C)	$[Na_2SO_3]$ (mol/l)	$[CoSO_4]$ (mol/l)	pH	P (atm)	V (litre)
3,5-5	4,2-6,84	20–35	0,8	2 10-5	7,5-8	1	83

Tableau 11 : Conditions opératoires: méthode chimique.

La figure (42) présente un exemple des courbes obtenues à différentes conditions opératoires. On remarque que l'évolution de la concentration en sulfite de sodium est linéaire avec le temps. Les pentes de ces droites représentent donc les flux de sulfite ayant réagis.

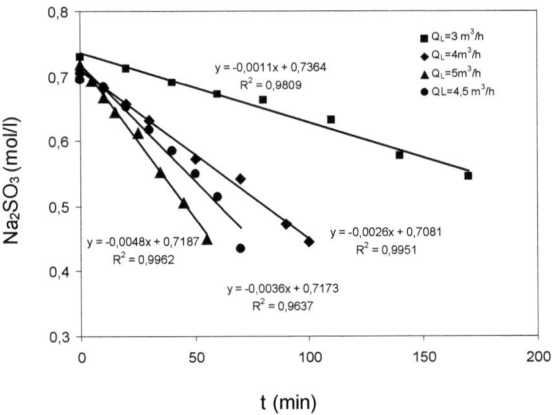

Figure 42 : Evolution de la concentration de sulfite de sodium en fonction du temps pour différents débits de circulation: Méthode d'oxydation du sulfite.

Le tableau (12) présente les valeurs de k_La_{20} pour différentes conditions opératoires, et l'évolution de k_La_{20} en fonction du débit de circulation est représentée dans la figure (43).

Q_L m³/h	T (moyenne) °C	C* mg/L	C* mol/l	Φ SO3 oxydé mol/(lL.min)	Φ O2 transféré mol/(L..s)	k_La_T 1/s	k_La_{20} 1/s
3	32	7,3	0,00023	0,0011	9,2E-06	4,0E-02	0,030
4	33	7,1	0,00022	0,0026	2,2E-05	9,8E-02	0,071
4,5	30	7,5	0,00023	0,0036	3,0E-05	1,3E-01	0,100
5	32	7,3	0,00023	0,0048	4,0E-05	1,8E-01	0,131

Tableau 12 : Valeurs de k_La: méthode chimique

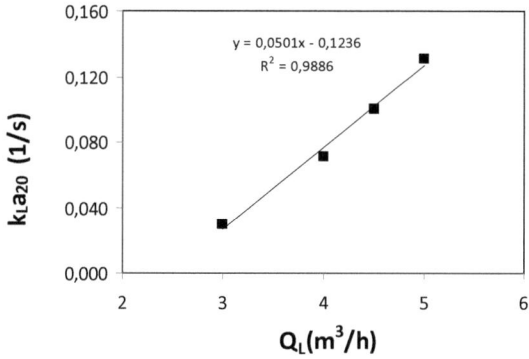

Figure 43 : L'évaluation de k_La en fonction de Q_L: méthode chimique.

<u>III-3-1-4- Modélisation du transfert d'oxygène- Le modèle homogène pour la phase gazeuse et la phase liquide en régime transitoire :</u>

Les deux méthodes physiques de détermination de k_La que sont la gassing out et le bilan gazeux utilisent la concentration de saturation déterminée à partir de la littérature en fonction de la pression atmosphérique, de l'altitude et de la température de l'expérience. Pour la méthode du gassing out, cette concentration est considérée comme constante au cours de la réoxygénation. Or La concentration d'oxygène à l'interface (C*) est en équilibre avec la concentration en oxygène dans la phase gazeuse selon la loi de Henry. Par conséquent C* n'est pas constante et dépend de la quantité d'oxygène présente dans la phase gaz. Il est donc nécessaire pour améliorer la précision de la détermination de k_La de prendre en compte la variation de la concentration de saturation en fonction du temps. Le modèle permet aussi d'étudier l'influence de la valeur de k_La sur le temps permettant d'atteindre la saturation. En plus le potentiel de transfert (C*-C) peut être évalué pendant la réoxygénation ce qui contribue à maîtriser le phénomène de transfert gaz-liquide.

Le modèle est basé sur le bilan matière sur l'oxygène en phases liquide et gazeuse (figure 44). Les hypothèses suivantes sont utilisées :

♣ Les phases liquide et gazeuse sont homogènes.

♣ La concentration de saturation d'oxygène de la phase liquide (C*) est en équilibre avec la concentration en oxygène dans la phase gazeuse selon la loi de Henry.

♣ La valeur de $k_L a$ est constante durant l'expérience.

♣ L'effet du sulfite sur le transfert est négligé.

♣ Le débit d'air issu du réacteur est égal au débit d'air insufflé.

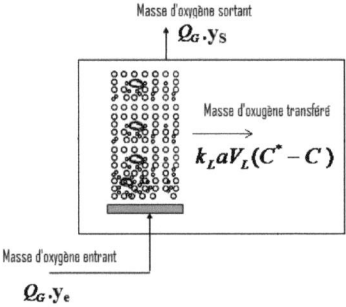

Figure 44 : Schéma du modèle homogène pour la phase gazeuse et la phase liquide.

En utilisant la loi de Henry et en considérant l'oxygène comme un gaz parfait on peut écrire :

$$C^* = P_{O_2} H = \frac{n}{V_G} R.T.H = R.T.H.Y_s \qquad \text{Eq. 118}$$

C* : La concentration de saturation d'oxygène de la phase liquide (mol/L).

P_{O_2} : La pression partielle d'oxygène en phase gazeuse (atm).

H : constante de Henry d'oxygène en eau (mol. $L^{-1}.atm^{-1}$)

n: nombre de moles d'oxygène dans la phase gazeuse (mol)

V_G : volume de la phase gazeuse (l)

Y_s : la concentration d'O_2 dans l'air issu du réacteur (mol/l)

R : constante des gaz parfaits (R=0,0821 atm.L/mol.K)

T : la température en K

En phase gazeuse :

Le bilan matière sur l'oxygène de la phase gazeuse s'écrit:

$$V_G \frac{dy}{dt} = Q_G(Y_e - Y_t) - k_L a V_L(C_t^* - C_t)$$ Eq. 119

d'où

$$\frac{dy}{dt} = \frac{Q_G}{V_G}(Y_e - Y_t) - k_L a \frac{V_L}{V_G}(R.T.H.Y_t - C_t)$$ Eq. 120

avec

Q_G : le flux d'air injecté,

V_G : le volume de gaz dispersé,

V_L : le volume du liquide,

Y_e : concentration d'oxygène dans l'air ambiant.

En divisant l'équation (Eq. 120) par y_e on obtient des variables adimensionnelles de concentration :

$$\frac{d\overline{y}}{dt} = \frac{Q_G}{V_G}(1 - \overline{Y}_t) - k_L a \frac{V_L}{V_G}(R.T.H.\overline{Y}_t - \frac{C_t}{Y_e})$$ Eq. 121

$$\frac{d\overline{y}}{dt} = \frac{Q_G}{V_G}(1 - \overline{Y}_t) - k_L a \frac{V_L}{V_G} R.T.H.(\overline{Y}_t - C)$$ Eq. 122

$$\frac{d\overline{y}}{dt} = \frac{Q_G}{V_G}(1 - \overline{Y}_t) - k_L a \frac{V_L}{V_G} R.T.H.(\overline{Y}_t - \overline{C}_t)$$ Eq. 123

Avec

$$\overline{Y}_t = \frac{Y_t}{Y_e}$$ Eq. 124

$$\overline{C_t} = \frac{C_t}{C_S} = \frac{C_t}{R.T.H.Y_e}$$

Eq. 125

En phase liquide :

Le bilan matière sur l'oxygène dissous dans la phase liquide s'écrit:

$$\frac{dc}{dt} = k_L a(R.T.H.Y_t - C_t)$$

Eq. 126

En divisant l'équation (Eq. 126) par C* (C*=RTH.y_e) on obtient des variables adimensionnelles de concentration.

$$\frac{d\overline{c}}{dt} = k_L a(\frac{R.T.H.Y_t}{R.T.H.Y_e} - \frac{C_t}{R.T.H.Y_e})$$

Eq. 127

$$\frac{d\overline{c}}{dt} = k_L a(\overline{Y}_t - \overline{C}_t)$$

Eq. 128

La résolution du système d'équations différentielles {Eq. 123, et Eq. 128} permet de calculer le profil de concentration d'oxygène dans la phase liquide et la phase gazeuse. Cette résolution est effectuée par une méthode de Runge-Kutta explicite (Programmation sur MATLAB en Annexe (16)).

Avec les conditions initiales au début de la réoxygénation (t=0) :

$$\overline{Y} = \frac{Y_0}{Y_e}$$

Y_0: la concentration d'O$_2$ à la sortie d'air du réacteur au début de la réoxygénation mesurée par l'analyseur.

et $\quad \overline{C} = \frac{C_{min}}{C_S}$

C_{min}: la concentration d'O$_2$ dans la phase liquide au début de la réoxygénation.

C_S=RTH.Y_e.

Les constantes dans ce système d'équation sont V_L, V_G, Q_G et RTH. Le seul paramètre est K_La. Les tableaux (13) et (14) présentent ces constantes et les conditions initiales pour l'essai correspondant au débit Q_L=5 m³/h. Les résultats concernant les autres débits sont consignés en annexe (17).

Q_L	T	Q_G	V_L	V_G	RTH
m³/h	°C	m³/h	m³	m³	(-)
5	14	6,84	0,083	0,00961	0.0365

Tableau 13: Les constantes de système d'équation différentielles pour la manip de gassing out du débit 5 m³/h

y_{s0}	Y_{S0}	Y_e	Y_{s0}/Y_e	C_{min}	C_S	C_{min}/C_s
--	mol/l	mol/l	--	mol/l	mol/l	--
0,182	0,00751	0,00872988	0,860246	0,0000313	0,000273	0,114469

Tableau 14: Les conditions initiales du système d'équation différentielles pour l'essai de gassing out du débit 5 m³/h

La figure (45) représente la courbe expérimentale de la réoxygénation avec les profils des concentrations relatives en oxygène en phase gazeuse et en phase liquide pour différentes valeurs de k_La.

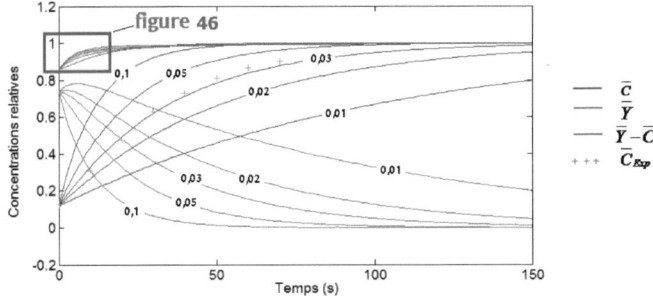

Figure 45: Profils des concentrations relatives en oxygène en phase gazeuse ($\overline{Y}$) et en phase liquide ($\overline{C}$) avec le potentiel de transfert ($\overline{Y}-\overline{C}$) pour différents valeurs de k_La pour un débit de Q_L= 5 m³/h

117

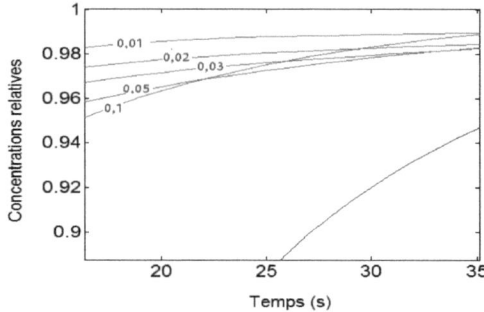

Figure 46 : Agrandissement des profils des concentrations relatives en oxygène en phase gazeuse $(\overline{Y})$ pour différents valeurs de k_La pour les faibles valeurs du temps (conditions de la figure 45)

Les courbes présentées dans la figure (47) correspondent à une valeur de k_La égale à 0,031 s^{-1} en minimisant la fonction R ($R = \sum (\overline{C}_{mod} - \overline{C}_{exp})^2$).

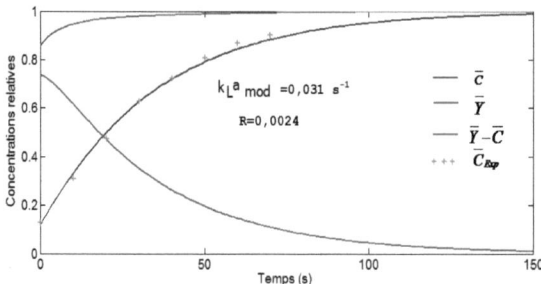

Figure 47 : Calcul K_La en minimisant la fonction R ($R = \sum (\overline{C}_{mod} - \overline{C}_{exp})^2$) $Q_L = 5\ m^3/h$

Dans le tableau ci-dessous sont regroupées les valeurs de k_La_T obtenues par le modèle et la méthode du gassing out.

Q_L m^3/h	T °C	k_La_T 1/s		$R = \sum (\overline{C}_{mod} - \overline{C}_{exp})^2$
		gassing-out	modèle	
4	20	0,022	0,027	0,046
5	14	0,033	0,031	0,0024
5,5	20	0,047	0,05	0,00027
6	14	0,054	0,049	0,0029

Tableau 15: comparaison des valeurs kla obtenue par la méthode de gassing-out et le modèle

En comparant les valeurs de k_La obtenues par la gassing out et par le modèle proposé, la différence est assez faible (Eq. 129). L'effet de la variation de C* au cours du temps est donc faible.

$$\frac{k_La_{gas\sin gout} - k_La_{mod}}{k_La_{gas\sin gout}} = 6\%$$ \hfill Eq. 129

Par ailleurs, pendant la réoxygénation et à un instant t donné, plus k_La est important plus la quantité d'oxygène dans la phase liquide est importante et la saturation est atteinte plus rapidement (figure 45). Par ailleurs, la concentration d'oxygène dans l'air issu du réacteur (ciel du réacteur) arrive plus vite à la valeur de la concentration d'O_2 dans l'air ambiant (Y_e). Ceci s'explique aisément par le fait que la phase liquide arrive plus vite à la saturation en augmentant k_La, et par conséquence l'oxygène dans la phase gazeuse ne subit plus de transfert vers la phase liquide et atteint la valeur (Y_e). Par contre en phase gazeuse : plus k_La est grand plus la quantité d'oxygène dans la phase gaz est faible (Figure 46) car le transfert vers la phase liquide est important.

Quant au potentiel de transfert $\overline{Y} - \overline{C}$ on remarque la diminution de ce dernier en fonction du temps de réoxygénation. Par contre pour les valeurs faibles de k_La (moins de 0,02 s^{-1}) ces courbes montrent une augmentation du potentiel de transfert au début de la réoxygénation comme indiqué dans la figure (45).

On peut supposer que pour les faibles valeurs de k_La, c'est-à-dire un transfert faible, la composition en oxygène dans l'air à la sortie (Y_s) augmente plus vite que l'augmentation de la concentration dans la phase liquide (C), et donc la différence (Y_s - C) augmente.

III-3-2- Résultats obtenus en présence de boues

III-3-2-1- La méthode au peroxyde d'hydrogène

Comme il a été mentionné au paragraphe III-2-2-1, Cette méthode est basée sur le suivi de la diminution de la concentration en oxygène dissous dans la phase liquide préalablement sursaturée en oxygène par l'addition de peroxyde d'hydrogène.

Les boues utilisées ont été ramenées de la station d'épuration de l'Isle d'Abeau en Isère. Une centaine de litres pour chaque essai.

La quantité à ajouter de H_2O_2 dépend du type du réacteur et des conditions opératoires. La quantité rapportée dans la littérature se situe entre 0.05 et 0.1 mL de peroxyde (en solution à 30% massique) par litre de boues. Un essai préalable est nécessaire aussi pour estimer ce volume. Avec une quantité de 83 litres de boues dans la cuve, la quantité de H_2O_2 nécessaire pour remarquer une gamme suffisante (5mg au moins) de l'augmentation de la concentration d'oxygène est d'environ 15 ml. Cette quantité a été déterminée dans les manipulations préalables avant chaque essai.

Dans le tableau (14) sont rassemblées les conditions opératoires utilisées dans cette méthode.

T (°C)	$[H_2O_2]$ 30% (ml)	Q_L (m³/h)	Q_G (m³/h)	P (atm)	V (litre)
20–30	10-20	3,5-5,0	4,2 -6,8	1	83

Tableau 16: Conditions opératoires : méthode du peroxyde d'hydrogène

La figure (48) présente des exemples des formes des courbes de la diminution de la concentration d'oxygène après une dissociation totale de peroxyde et quelques exemples de l'enregistrement de cette concentration sont donnés en annexe (9). L'exploitation de ces courbes permettant de déterminer k_La' (figure 49).

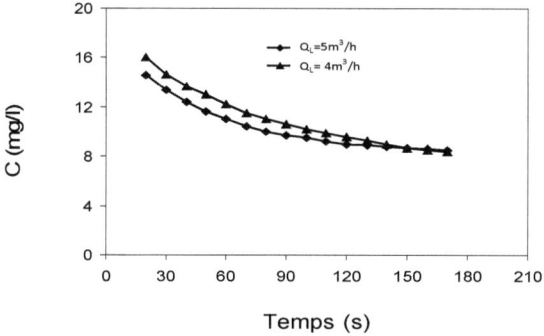

Figure 48 : Evolution de l'oxygène dissous après sursaturation : méthode du peroxyde d'hydrogène.

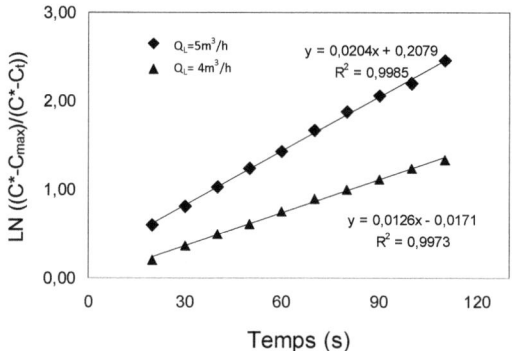

Figure 49 : calcul de k_La' par la méthode de peroxyde d'hydrogène pour deux conditions opératoires : méthode du peroxyde d'hydrogène.

Dans le tableau (17) sont regroupées les valeurs de k_La' obtenues et les valeurs calculées de $k_La'_{20}$ pour différents débits de liquide. La variation de ce coefficient en fonction du débit de circulation est linéaire comme le montre la figure (50).

Q_L m³/h	T (moyenne) °C	C* mg/L	C_{max} mg/L	$k_La'_T$ 1/s	$k_La'_{20}$ 1/s
3,5	29	6,5	17	0,0098	0,008
4	27	7	18	0,0126	0,011
4,5	27	7,2	15,6	0,0177	0,015
5	23	8,2	19,9	0,0204	0,019

Tableau 17 : Valeurs de $k_La'_{20}$: méthode du peroxyde d'hydrogène.

121

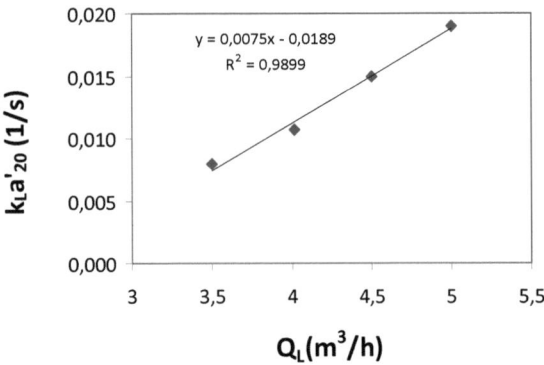

Figure 50 : Variation de $k_La'20$ en fonction de Q_L: Méthode du peroxyde d'hydrogène

III-3-2-2- La méthode de réoxygénation de boues

La cuve remplie par 83 litres des boues est mise en marche. En gardant l'aération la concentration d'oxygène atteint la concentration d'équilibre C*. Si l'entrée d'air est fermée tout en maintenant la circulation (afin de prévenir la sédimentation des boues), la concentration en oxygène descend à 1 mg/L grâce à la respiration endogène des bactéries. A ce moment la, l'entrée de l'air est ouverte et la concentration d'oxygène augmente de nouveau. L'évolution de la concentration d'oxygène est décrite dans le paragraphe III-2-2-2- de même que l'équation permettant le calcul de k_La' par cette méthode.

Les conditions opératoires de cette méthode sont regroupées dans le tableau (18). La figure (51) montre l'évolution de la concentration en oxygène dissous en fonction du temps pour deux débits de liquide différents et quelques exemples de l'enregistrement de cette concentration sont donnés en annexe (8). La figure (52) permet de calculer le coefficient k_La'.

T (°C)	Q_L (m³/h)	Q_G (m³/h)	P (atm)	V (litre)
20–30	3,5-5,0	4,2 -6,8	1	83

Tableau 18 : Conditions opératoires: méthode de la réoxygénation des boues.

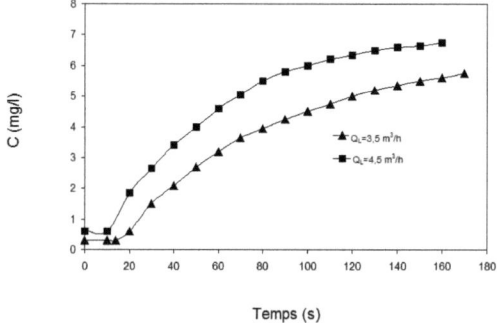

Figure 51 : Evolution de la concentration d'oxygène dissous pour deux débits de circulation (3.5 et 4.5 m³/h: méthode de la réoxygénation des boues.

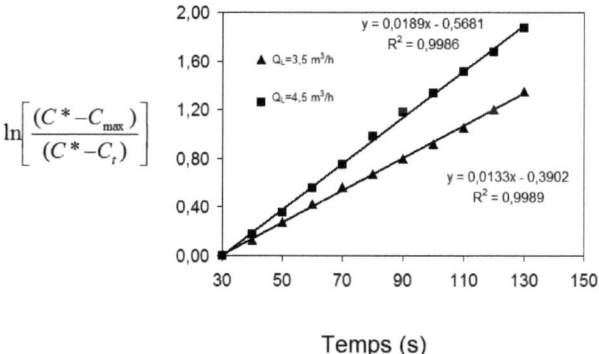

Temps (s)

Figure 52 : $\ln\left[\dfrac{(C^* - C_{max})}{(C^* - C_t)}\right]$ **= f(t) pour deux débits de circulation : méthode de la réoxygénation des**

boues

Le tableau (19) et la figure (53) présentent les valeurs expérimentales de $k_La'_{20}$ en fonction des Q_L déterminées par cette méthode.

Q_L m³/h	Q_G m³/h	T (moyenne) °C	C* mg/L	C_0 mg/L	$k_La'_T$ 1/s	$k_La'_{20}$ 1/s
3,5	4,2	29	6,5	1,5	0,013	0,011
4	5,13	26	7,1	2,1	0,012	0,010
4,5	6	27	7,2	2,65	0,019	0,016
5	6,84	21	8,2	2,8	0,019	0,018

Tableau 19 : Valeurs de $k_La'_{20}$: méthode de la réoxygénation des boues

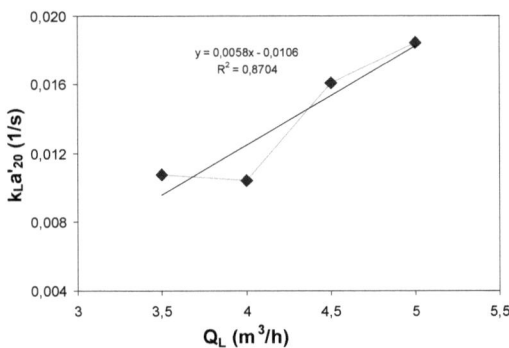

Figure 53 : Evolution de $k_La'_{20}$ en fonction de Q_L : méthode de la réoxygénation des boues.

III-4- DISCUSSION DES RESULTATS ET ETUDE COMPARATIVE ENTRE LES METHODES

III-4-1- En eau claire

La figure (54) présente la variation de k_La en fonction de Q_L pour les trois méthodes utilisées en eau claire (gassing-out, bilan gazeux et oxydation de sulfite).

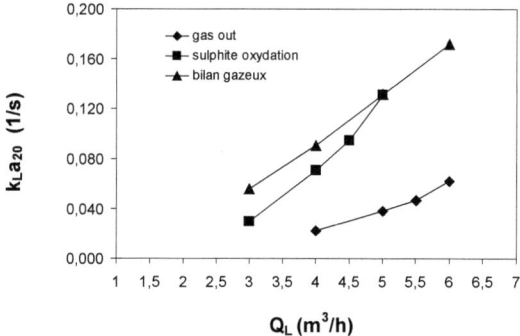

Figure 54 : Comparaison de l'évolution de $k_L a$ en fonction de Q_L: obtenue par les 3 méthodes. Eau claire

Quelle que soit la méthode utilisée, $k_L a$ augmente avec le débit de recirculation Q_L (ou Q_G/Q_L). Ceci est en accord avec ce qui est trouvé dans la littérature. La croissance de $k_L a$ avec le débit de circulation est due à l'augmentation à la fois de k_L et de a. L'augmentation du débit de circulation conduit à augmenter la densité du mélange ce qui diminue l'épaisseur du film ou le temps de contact ou augmenter la vitesse de renouvellement de surface et donc augmenter le coefficient k_L selon la modèle de transfert de matière pris en compte. Par ailleurs, l'augmentation du débit de circulation conduit à augmenter le débit d'air aspiré ce qui augmente la quantité de bulles par unité du volume d'émulsion, autrement dit augmenter l'aire interfaciale a et par conséquence le produit $k_L a$.

Toutefois les valeurs de $k_L a$ obtenues par la méthode de gassing-out sont inférieures à celles obtenues par la méthode de l'oxydation du sulfite et des bilans gazeux. Dans ces deux dernières méthodes, la détermination de $k_L a$ dépend de la présence de sulfite en excès. Le sulfite peut provoquer la formation de la mousse qui augmente l'aire interfaciale. De plus, la cinétique de l'oxydation de sulfite est très sensible comme nous l'avons évoqué dans le paragraphe III-2-1-3.

Quant à la mise en œuvre expérimentale de ces trois méthodes il est évident que la méthode du gassing out est la méthode la moins entachée d'erreurs. En effet cette méthode est basée sur la seule mesure de la concentration de l'oxygène dissous, alors qu'il faut rajouter la mesure de la fraction molaire dans la phase gaz pour la méthode du bilan gazeux. Pour la méthode de sulfite il faut rajouter le dosage iodométrique.

Il est fort possible que la méthode au sulfite n'a pas été utilisée en régime de réaction lente car la concentration de cobalt utilisée ($2 \ 10^{-5}$ mol/L) était très proche de la limite supérieure du domaine d'utilisation du régime lent. La vérification du régime chimique par le calcul du nombre de Hatta nécessite la connaissance de l'aire interfaciale et la cinétique de la réaction dont la valeur dépend des auteurs ayant étudié sa cinétique.

Bien que ces deux méthodes (oxydation du sulfite de sodium et bilans gazeux) donnent des résultats proches entre elles, nous utilisons les résultats obtenus par la méthode du gassing-out dans la suite de ce travail. Nous la considérons comme la méthode de référence en eau claire pour calculer les performances du réacteur à jet. Ce choix se base sur les raisons expliquées ci-dessus et sur le fait qu'il n'y a pas de risque d'accélérer le transfert car la détermination de k_La par cette méthode dépend de l'évaluation de la concentration d'oxygène dissous après avoir consommé tout le sulfite ajouté.

Quant à la comparaison de nos résultats avec la littérature on peut noter que la majorité des corrélations relie le k_La soit au débit de gaz soit au débit du liquide alors que notre dispositif est conçu de sorte que les deux débits gaz comme liquide sont indissociables. En toute rigueur les résultats doivent être présentés en fonction du rapport Q_G/Q_L. Nous avons utilisé ce rapport dans le chapitre IV concernant les performances du réacteur.

III-4-2- En présence de boues

k_La' augmente avec l'augmentation du débit liquide (Figure 55) pour les mêmes raisons expliquées dans le cas de l'eau claire. Par ailleurs, il n'y a pas de différence significative entre les deux méthodes sauf dans le cas du débit faible de circulation (Q_L=3.5 m^3/h). Ceci peut être expliqué par le fait que les deux méthodes utilisent le même principe qui se base sur le suivie de l'évolution de l'oxygène dissous dans la phase liquide (augmentation ou diminution). On constate que, pour les mêmes débits de recirculation, le fait que le liquide est sur-saturé ou sous-saturé n'a pas d'influence sur les valeurs du coefficient k_La. Par ailleurs l'effet d'arrêt de l'aération, afin de diminuer la concentration d'oxygène dissous quand on applique la méthode de la réoxygénation de boues, peut perturber le fonctionnement du réacteur même si la fonction du mélange est maintenue. Ça peut expliquer la valeur sous-estimé de k_La pour le débit le plus faible (Q_L=3.5 m^3/h) où le mélange est très faible aussi et la perturbation est maximum.

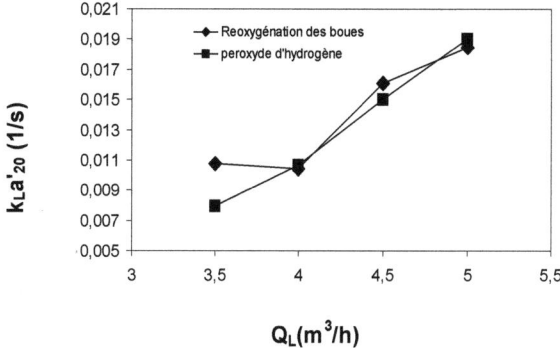

Figure 55 : Comparaison de l'évolution de k_La en fonction de Q_L obtenue par les 2 méthodes. Présence de boues

Selon la figure (55), l'évolution des valeurs du k_La' obtenues par la méthode du peroxyde d'hydrogène est plus logique car k_La' augmente régulièrement avec Q_L. En effet dans cette méthode, le réacteur est mis en fonctionnement normal car l'aération et le mélange sont maintenus pendant l'essai. C'est pourquoi on considère cette méthode comme une méthode de référence en présence de boues pour la suite du travail.

III-5- CONCLUSION

Après avoir décrit brièvement les aspects théoriques de l'absorption gaz-liquide avec et sans réaction chimique, nous avons détaillé les méthodes utilisées dans ce travail pour déterminer le coefficient de transfert de matière (k_La) en eau claire et en présence de boues (k_La'). Les expériences ont été menées en eau claire par application de trois méthodes : le gassing out, la réoxygénation de l'eau claire et l'oxydation du sulfite de sodium. Les résultats montrent une augmentation du coefficient k_La en fonction du débit de liquide, résultats évidents puisque l'augmentation du débit d'eau entraine une augmentation du débit d'air et donc du coefficient k_La. Quant aux expériences effectuées en présence de boues, seulement deux méthodes ont été appliquées : la réoxygénation des boues et la méthode du peroxyde d'oxygène. Les résultats confirment ceux obtenues en eau claire : une augmentation du coefficient de transfert de matière avec les débits.

Après la comparaison des trois méthodes en eau claire et celle des deux méthodes en présence des boues, c'est la méthode du gassing out en eau claire et celle du peroxyde d'hydrogène qui ont été retenues comme références pour déterminer dans le chapitre qui suit le calcul du facteur alpha et les performances du réacteur à jet. Comme il a été mentionné plus haut les résultats seront présentés en fonction du rapport Q_G/Q_L.

CHAPITRE IV :

ETUDE DES PERFORMANCES DU REACTEUR A JET

CHAPITRE IV : ETUDE DES PERFORMANCES DU REACTEUR A JET

IV-1- INTRODUCTION

Plus souvent, les paramètres caractérisant les performances d'un aérateur sont données en conditions standards (eau claire, teneur nulle en oxygène, pression atmosphérique et une température de 20°C). Ceci peut être suffisant dans un premier temps pour avoir une idée, des performances d'un réacteur donné. Par contre la comparaison des aérateurs entre eux en ne tenant compte que des performances déterminées dans des conditions standards peut être insuffisante. En effet, en conditions réelles, c'est-à-dire en présence de boues, des surprises peuvent apparaitre. Certains systèmes montrent un transfert plus efficace en boues qu'en eau claire comme les systèmes d'aération de surface et dans d'autres cas le transfert est clairement affecté en présence de boues comme les systèmes de diffusion. C'est pourquoi il est important de déterminer ces performances en conditions réelles.

Par paramètres de performance nous entendons les paramètres suivants : la capacité d'oxygénation CO (kg $O_2.h^{-1}.m^{-3}$), l'Apport horaire AH (kg $O_2.h^{-1}$), l'apport spécifique brut ASB (kg $O_2.kWh^{-1}$), l'apport spécifique net A.S.N (kg.O_2/ kWh) ou encore le rendement total d'oxygénation RO (%). Tous ces paramètres ont été définis dans le premier chapitre.

Pour passer des performances connues en eau claire aux performances réelles en boues, des facteurs correctifs doivent être appliquées. En particulier, le facteur alpha dont l'étude fait l'objet du paragraphe ci-après.

IV-2- LE FACTEUR ALPHA

Le facteur alpha est défini comme le rapport entre le coefficient de transfert de matière en boues k_La' et le coefficient de transfert de matière en eau claire k_La aux conditions équivalentes de température, de mélange et de géométrie. La détermination du facteur alpha nous permet de contrôler les performances du système d'aération tout au long de son vieillissement.

Après avoir comparé les résultats des méthodes utilisées, et pris comme méthode de référence la méthode de gassing-out pour obtenir k_La en eau claire et la méthode du peroxyde d'hydrogène pour k_La' en boues, nous avons représenté dans la figure (56) la variation de k_La_{20} en fonction du rapport des débits mesuré par ces deux méthodes.

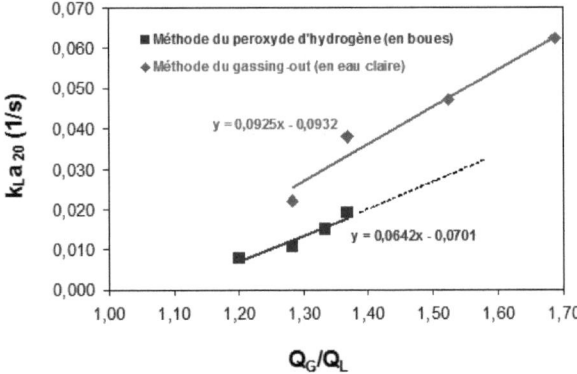

Figure 56: k_La en eau claire et en boues par les méthodes de références

Pour étudier l'évolution des valeurs du facteur alpha en fonction du débit de recirculation, on estime quelques valeurs de k_La à partir des courbes de tendance pour le rapport Q_G/Q_L (1,52 ; 1,69) en présence de boues car la pompe n'arrive pas à circuler les boues pour des débits supérieurs à 5.5 m³/h.

Q_L (m³/h)	Q_G/Q_L	k_La_{20} (1/s)		Facteur alpha
		en eau claire	en boues	
4	1,28	0,026	0,010	0,38
5	1,37	0,042	0,018	0,43
5,5	1,52	0,0531	0,0216*	0,41
6	1,69	0,063	0,0252*	0,40

Tableau 20 : Valeurs du facteur alpha
* valeurs estimées à partir de la figure 56.

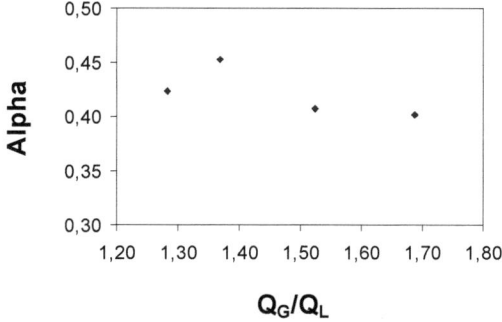

Figure 57 : **Variation du facteur alpha en fonction de Q_G/Q_L**

Selon la figure (57) le facteur alpha est relativement indépendant du rapport Q_G/Q_L (ou débit d'air). Sa valeur tourne autour de 0.4. Cette valeur faible de alpha peut être due à la présence de contaminants qui peuvent affecter négativement le transfert de l'oxygène. Capela *et al.* (2004) trouvent une valeur de 0,6.

Les surfactants ou les tensioactifs (agents de surface) peuvent provenir des produits lessiviels mais ils sont aussi sécrétés par les bactéries. Ces surfactants s'accumulent soit à la surface des bulles d'air dans les systèmes d'aération de fond, soit à la surface des gouttelettes d'eau dispersées dans l'air dans les systèmes d'aération mécanique de surface. L'accumulation des surfactants sur la surface d'échange gaz-liquide quelque soit le système d'aération a deux effets sur le transfert : la diminution de k_L à cause de la diminution de la diffusion moléculaire de l'oxygène d'une part, et d'autre part les tensioactifs anioniques réduisent la tension de surface. La réduction de cette dernière peut avoir un effet positif sur le transfert d'oxygène du fait que des petites bulles peuvent être créés. L'accroissement de l'aire interfaciale résultant est cependant compensé par une augmentation de la résistance au transfert liée à l'adsorption de tensioactif à la surface des bulles d'air. Parmi les paramètres qui influencent le facteur alpha, la réduction de la taille des bulles par l'effet des surfactants est décrite par [David, 1996].

Dans le tableau ci-dessous sont rassemblées les valeurs du facteur alpha pour différents systèmes d'aération :

Type d'Aérateur	Facteur alpha
Aérateur à axe vertical	1,2*
Aérateur à axe horizontal	1,2*
Diffuseur à fines bulles	0,3-0,6*
Diffuseur à grosses bulles	0,4-0,7*
Agitation de surface par turbine	0,85*
Aérateur à brosses	0,85*
Notre réacteur	0,38-0,41

Tableau 21: les valeurs du facteur alpha pour différents systèmes d'aération
[* Valeurs données par Mueller et al (2002)]

Les aérateurs par insufflation d'air à fines bulles ont généralement un facteur alpha inférieur à celui des grosses bulles ou des aérateurs de surface pour des conditions similaires.

Les systèmes d'aération de fines bulles sont les plus affectés par les agents de surface. Car il n'est pas possible de produire des bulles plus petites que des bulles qui sont déjà petites. L'effet positif des surfactants dans ces systèmes est, au moins, de freiner la coalescence des bulles. Par conséquence l'aire interfaciale reste stable et le facteur alpha diminue. Une valeur de 0.3 est rapportée dans la littérature pour ces systèmes.

Les systèmes d'aération qui produisent de grosses bulles sont moins affectés par la contamination, car il y a possibilité de créer des petites bulles. Donc une augmentation de l'aire interfaciale mais le facteur alpha est moins affecté.

Les aérateurs mécaniques de surface causent une grande turbulence, par rapport au système d'aération de fines bulles, ce qui diminue la viscosité des boues et augmente le transfert. Une valeur du facteur alpha de 1.2 est rapportée dans la littérature.

Le réacteur à jet étant considéré comme un aérateur à fines bulles, la valeur de alpha reste proche de ces aérateurs. Il n'y a donc, pas d'effet positif des surfactants sur le transfert dans notre réacteur. Par contre l'effet négatif de contamination demeure. Plus l'eau contient une quantité importante de contaminants (surfactants, charge organique, matières en suspension, anti-mousse ajoutée,..) plus le facteur alpha diminue. Les analyses des boues utilisées dans notre réacteur, effectuées par la station d'épuration de l'Isle d'Abeau, montrent la présence d'une grande quantité de détergents durant les semaines où nos expériences ont été effectuées. Par contre il nous a été confirmé la non utilisation des agents anti-mousse dans cette station d'épuration.

IV-3- ETUDE DES PERFORMANCES DU REACTEUR A JET VERTICAL

IV-3-1-Performances en eau claire et conditions standards

Le tableau ci-dessous regroupe les valeurs obtenues en fonction du rapport Q_G/Q_L des paramètres qui caractérisent l'efficacité du réacteur à jet en eau claire et dans les conditions standards. Le coefficient de transfert de matière est mesuré par la méthode de gassing-out (méthode de référence) et corrigé à la température de 20°C. Les figures suivantes représentent les variations de ces paramètres en fonction du rapport Q_G/Q_L.

N° d'essai	Q_L m^3/h	$k_L a_{20}$ 1/s	CO kg $O_2/h.m^3$	AH kg O_2/h	ASB kg O_2/kWh	ROs %	ROs/H_L* %/m
1	4	0,026	0,86	0,072	2,43	4,7	4,0
2	5	0,042	1,39	0,116	2,01	5,7	4,8
3	6	0,06	1,99	0,166	1,66	5,5	4,6
4	6,7	0,079	2,62	0,218	1,57	5,7	4,8

* Rendement d'oxygénation en conditions standards par hauteur d'immersion

Tableau 22: paramètres caractérisant les performances du réacteur en eau claire en conditions standards

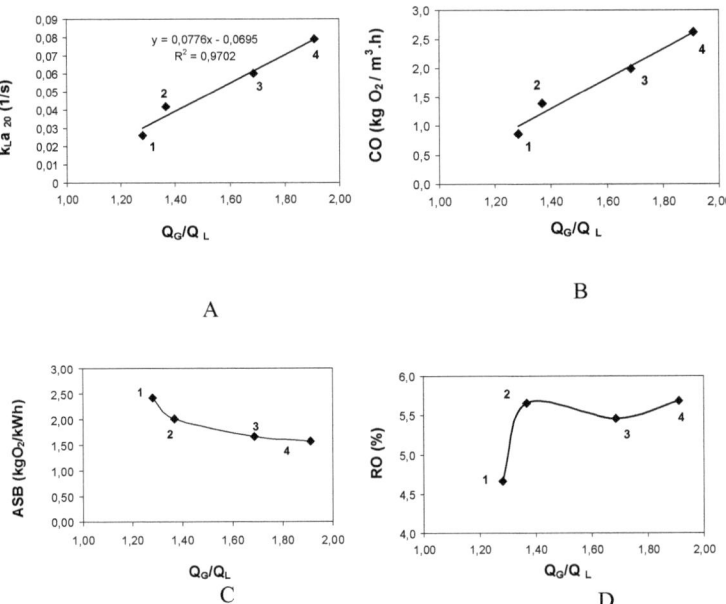

Figure 58 : Variation des performances du réacteur en eau claire en conditions standards

En examinant ces différents résultats on peut tirer quelques conclusions qui peuvent se résumer ci-dessous :

- **L'apport spécifique brut (ASB=AH/P)** diminue avec le rapport Q_G/Q_L. Autrement dit en augmentant ce rapport, c'est-à-dire le débit d'air d'une part et l'agitation d'autre part la quantité d'oxygène transférée n'augmente pas avec la puissance consommée. Plus le débit de gaz augmente, plus la quantité d'oxygène transférée augmente. Or comme la puissance varie beaucoup avec le débit de gaz injecté, la quantité d'oxygène transféré par kWh consommé **(ASB)** diminue. La valeur moyenne de l'ASB obtenue est de 1.9 kg/kWh.

Le suivi de la variation du **rendement RO** montre des valeurs faibles de ce paramètre correspondant aux débits faibles d'air. En effet, à faibles débits d'air, le mélange gaz-liquide est faible car le débit d'air est relié au débit de circulation. Dans ce cas une certaine quantité de bulles remonte directement vers la surface sans subir de recirculations vers le fond du réacteur comme le montrent les photos obtenues lors de l'étude hydrodynamique. Ce qui diminue le temps de séjour des bulles et donc le temps de contact gaz-liquide et par conséquence la quantité d'oxygène transférée. Par ailleurs, le rendement est meilleur et relativement stable (autour d'une valeur moyenne de 5,6 %) pour des débits plus élevés car l'augmentation de débit d'air est associée à l'augmentation de débit de circulation qui conduit à son tour à l'augmentation de la turbulence et le temps de contact entre les phases. Les valeurs du rendement d'oxygénation par hauteur d'immersion sont proches de ce qui est rapporté dans la littérature. Une étude récente [Trillo, 2005] sur l'évaluation du rendement de transfert d'oxygène en eau claire d'un système d'aération de surface 28 m^2 pour plusieurs types de diffuseurs de fines bulles montre que le rendement de transfert diminue avec le débit d'air. Il varie entre 6,47 et 7,71 %/m pour un débit d'air de 1,4 à 5 m^3/h pour chaque diffuseur.

IV-3-2- Performances en présence de boues :

Les performances de notre réacteur en boues ont été déterminées en conditions standards comme en conditions réelles c'est-à-dire les conditions des expériences.

IV-3-2-1- En conditions standards

Ce calcul peut être important quand on compare les performances de différents réacteurs traitant les mêmes boues (mêmes caractéristiques physico-chimiques) dans les mêmes conditions de fonctionnement (densité d'aération, hauteur d'eau,..).

Si on considère que le facteur de correction de la solubilité d'oxygène en boues égale à β=0,98 et C'$_S$=9.2 mg/l, la capacité maximale de transfert en boues (Eq. 130) est calculée en utilisant le coefficient $k_L a$' mesuré par la méthode du peroxyde d'hydrogène (méthode de référence) :

$$CO' = k_L a'_{20} \times \beta \times C'_S$$ Eq. 130

Les autres paramètres sont calculés de la même façon qu'en eau claire et sont présentées dans le tableau (23) ci-dessous.

N° d'essai	Q_L (m³/h)	Q_G (m³/h)	k_La' $_{20}$ 1/s	CO kg O₂/m³.h	AH kg O₂/h	ASB kg O₂/kWh	RO %	RO/H$_L$ %/m
1	3,5	4,2	0,008	0,257	0,021	1,082	1,700	1,44
2	4	5,13	0,011	0,346	0,029	0,977	1,876	1,59
3	4,5	6	0,015	0,487	0,041	0,964	2,254	1,91
4	5	6,84	0,019	0,617	0,051	0,891	2,505	2,12

Tableau 23: paramètres de performance en boues dans les conditions (T=20°C, P=1atm, concentration nulle en oxygène).

Les figures suivantes représentent les variations de (k_La', ASB; RO) en fonction du débit d'air en boues en conditions standards.

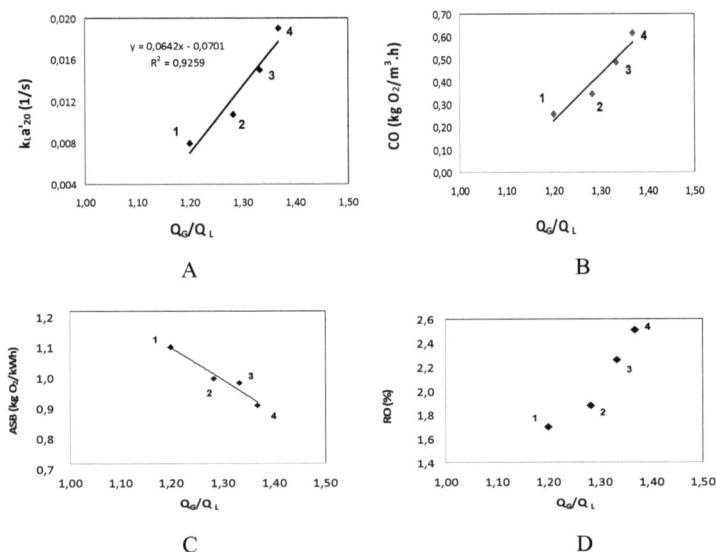

Figure 59 : Variations de k_La', CO, ASB, RO en boues en conditions standards : T=20°C ; P=1 atm; concentration nulle en oxygène.

Selon les figures ci-dessous on remarque que la variation de (k_La', **CO, ASB**) en boues en fonction de débit d'air a la même allure qu'en eau claire (augmentation ou diminution). Les faibles valeurs de CO, ASB (en comparaison avec celles en eau claire) sont dues aux faibles valeurs de k_La' (avec une valeur de alpha voisine de 0,4) et à la diminution de la concentration de saturation multipliée par Betta (0,98). Donc les

138

paramètres (CO', AH', ASB') en boues peuvent être déduits en première approximation en les multipliant par (0,4*0,98=0,392).

L'évolution du rendement d'oxygénation est le même qu'en eau claire, ce qui explique la valeur constante du facteur alpha.

Les débits d'air inférieurs à 5 m^3/h montrent des faibles rendements. En revanche, le rendement pour des débits d'air plus élevés augmente et varie autour d'une valeur moyenne de 2,4 %.

IV-3-2-2- En conditions réelles de chaque essai

Les performances dans les conditions opératoires de chaque essai (k_La_T, concentration d'équilibre d'oxygène C'^*_T, concentration de saturation $C'_{s,T}$) ont aussi été déterminées. Ces conditions réelles sont consignées dans le tableau ci-dessous :

N°d'essai	Q_L m^3/h	T (Moyenne) °C	C'* T, P mg/l	C's T, P mg/l
1	3,5	29	6,5	7,63
2	4	27	7	7,91
3	4,5	27	7,2	7,91
4	5	23	8,2	8,58

Tableau 24: Les conditions opératoires en boues de chaque essai

La capacité de transfert dans ces conditions n'est pas maximale car la force motrice est ($\beta C'_s - C'^*$) et l'équation (Eq. 130) devient :

$$CO' = k_L a'_T \times (\beta \times C'_s - C'^*) \qquad \text{Eq. 131}$$

Les valeurs obtenues des paramètres caractérisant les performances de notre réacteur en boues et en conditions réelles sont regroupées dans le tableau (25) en prenant 0.98 comme valeur pour Betta. Leurs évolutions en fonction du rapport Q_G/Q_L sont représentées par la figure (60).

N° d'essai	Q_L (m³/h)	Q_G (m³/h)	$k_La'_T$ 1/s	CO Kg O₂/h/m³	AH kg O₂/h	ASB kg O₂/kWh	RO %	RO/H L %/m
1	3,5	4,2	0,010	0,04	0,0029	0,15	0,23	0,20
2	4	5,13	0,010	0,03	0,0023	0,08	0,15	0,12
3	4,5	6	0,017	0,03	0,0028	0,07	0,16	0,13
4	5	6,84	0,020	0,02	0,0013	0,02	0,06	0,05

Tableau 25: paramètres en boues en conditions réelles de chaque essai

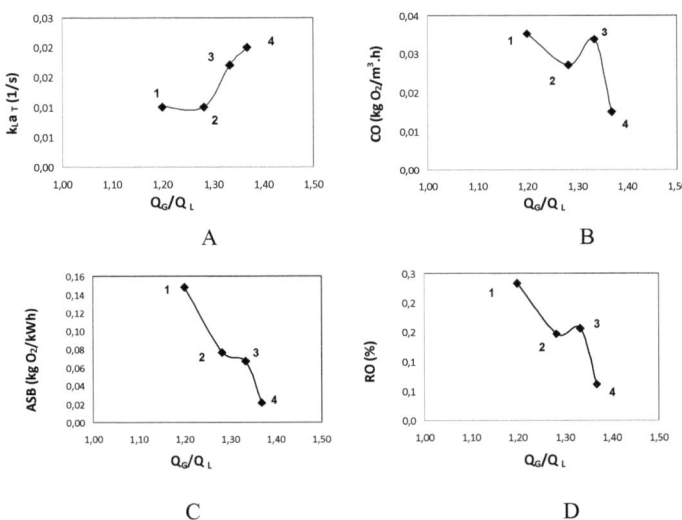

Figure 60 : Variations de k_LaT', CO, ASB, RO en boues en conditions réelles : T; P; concentration non nulle en oxygène.

140

On remarque qu'en conditions réelles de fonctionnement les performances du réacteur sont beaucoup moins importantes que celles en conditions standards (en eau claire ou en boues). Ceci est dû à la faible valeur du facteur alpha et à la faible valeur de la force motrice $\Delta C = (\beta C_s - C^*)$.

IV-4- COMPARAISON DE L'EFFICACITE D'AERATION DU REACTEUR A JET AVEC D'AUTRES SYSTEMES D'AERATION.

IV-4-1- Evaluation de k_La_{20} en fonction de la puissance consommée par unité de volume

La puissance dissipée par unité de volume (P/V) constitue un réel critère de comparaison entre les différents réacteurs gaz-liquide. La figure suivante représente la variation du coefficient k_La en fonction de (P/V). La corrélation mise en œuvre a été utilisée dans une étude comparative de notre réacteur avec différents réacteurs à jet comme il est démontré plus bas.

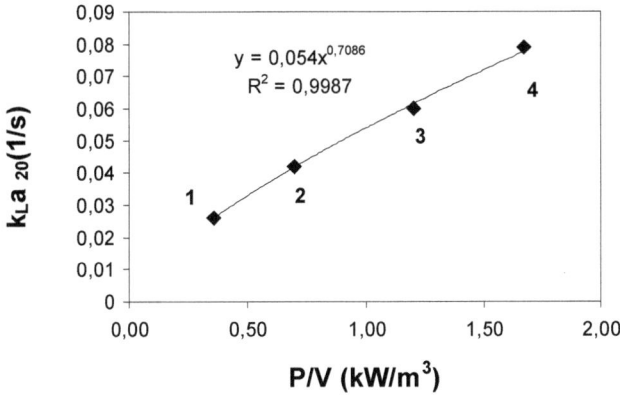

Figure 61 : Variation de k_La_{20} en fonction de la puissance dissipée par unité de volume en eau claire en conditions standards.

Dans cette figure k_La_{20} augmente linéairement avec le débit d'air. La variation de k_La en fonction de la puissance dissipée a la même forme que celle en fonction du débit d'air. Ce résultat est évident car le débit d'air est relié au débit de circulation qui est, à son tour, relié à la vitesse du jet et par conséquence à la perte de charge.

Comme la quantité d'oxygène transférée est caractérisée par le coefficient k_La qui varie avec les conditions d'opération (densité d'aération, agitation, quantité et qualité de liquide à traiter..) ; la meilleur façon pour étudier l'efficacité d'aération d'un réacteur afin de faire une comparaison logique et précise entre différents systèmes d'aération, et qui prend en compte à la fois la quantité transféré et l'énergie dépensée, est de mesurer ce coefficient en eau claire en conditions standards (température 20°C, pression 1 atm,) en fonction de la puissance consommée par unité de volume. La figure (62) représente l'évolution de k_La_{20} en fonction de la puissance consommée par unité de volume pour notre réacteur et pour d'autres réacteurs à jet rapportées dans la littérature.

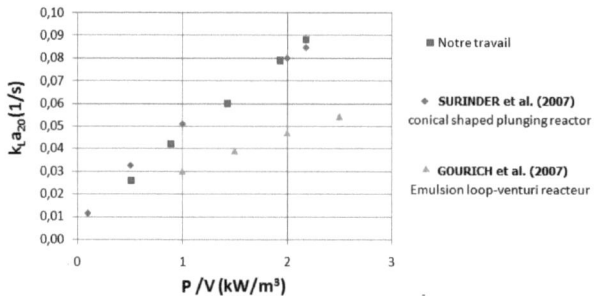

Figure 62 : Comparaison k_La de notre réacteur avec celui d'autres réacteurs à jet rapportés dans les littératures

Les valeurs de k_La de Deswal and Verma (2007) et de Gourich *et al.* (2007) ont été déterminées aussi par la méthode de gassing-out comme le cas de notre étude. La relation déterminée lors de notre travail (Eq. 132) est comparable à celle proposée par Deswal and Verma (2007) (Eq. 133):

$$k_La=0.046\,(P/V_L)^{0.83} \qquad\qquad \text{Eq. 132}$$

$$k_La=0.051\,(P/V_L)^{0.65} \qquad\qquad \text{Eq. 133}$$

Bien sûr nous sommes conscients qu'on ne peut pas proposer une corrélation à partir de 5 points expérimentaux néanmoins cette « corrélation » nous permet de comparer nos résultats aux autres corrélations de la littérature. La Comparaison est apparemment satisfaisante.

IV-4-2- L'apport spécifique brut ASB (kgO₂/kWh)

Le système d'aération présente ses meilleures performances quand il transfère une quantité d'oxygène, nécessaire au traitement, avec une dépense minimale d'énergie. L'apport spécifique brut ASB, défini par la quantité d'oxygène transférée sur la quantité d'énergie dépensée, est de ce fait le meilleur paramètre permettant de caractériser la performance du système. Plus ce paramètre est important plus le réacteur est performant.

Le choix entre les systèmes dépend non seulement de leurs performances au niveau du transfert et de la dépense d'énergie, mais aussi de certaines conditions liées à l'utilisation telles que, la facilité ou la complexité de l'installation, Le fonctionnement, l'entretien etc.

Un bon système d'aération est donc celui qui satisfait les conditions d'utilisation, cités ci-dessus, et présente une grande valeur d'ASB. Généralement, les systèmes d'insufflation à fines bulles présentent la valeur la plus grande d'ASB parmi les différents systèmes d'aération. Par contre, il faut se rappeler que ces systèmes montrent un grand effet de la contamination d'eau sur leurs performances. Dans le tableau (26) on rapporte des performances de divers systèmes d'aération en prenant comme critère de comparaison l'ASB en eau claire (en condition standards : concentration nulle en oxygène, T=20°C, P=1atm).

Système d'aération		ASB moyenne kg/kWh
Aérateur de surface	Turbines lentes (50-100 t/minute)	1,5
	Turbines rapides (1500 t/minute)	1
Diffuser	Grosse bulles (D> 6mm)	0,75
	Fines bulles (D < 3mm) + agitation	2,5
Systèmes à base de jet	Ejecteurs (prise d'air à pression atmosphérique)	0,6
	Ejecteurs (prise d'air en surpression)	1,5
	Jet vertical (notre travail)	1,9

Tableau 26*: comparaison de l'ASB entre différents systèmes d'aération.*

Avec une valeur moyenne d'ASB de 1.9 kg/kWh, notre dispositif se situe parmi les systèmes les plus efficaces et il approche les insufflateurs à fines bulles.

IV-5- CONCLUSION

Dans ce chapitre le facteur alpha du réacteur à jet a été calculé et comparé aux valeurs obtenues dans les bassins d'aération. La faible valeur de ce facteur a été expliquée entre autre par la présence de surfactants dans les boues utilisées, mais reste comparable à la valeur habituellement trouvée dans les bassins d'aération à insufflation de fines bulles. Nous avons ensuite rassemblé les résultats concernant les paramètres caractérisant les performances d'un aérateur comme l'Apport Spécifique Brut, la Capacité d'Oxygénation et le Rendement d'Oxygénation. Ces performances ont été calculées en conditions standards pour l'eau claire et en conditions standards comme en conditions réelles pour les boues. La comparaison de nos résultats à ceux obtenus dans la littérature a été basée sur l'ASB, parce qu'il tient compte de la quantité d'oxygène transférée et de la quantité d'énergie dépensée. Les résultats ont montré que notre aérateur est parmi les plus performants. De même nos résultats corroborent ceux de la littérature concernant la relation entre la puissance consommée et le coefficient volumétrique de transfert de matière k_La.

CONCLUSION GENERALE ET PERSPECTIVES

CONCLUSION GENERALE ET PERSPECTIVES

Ce travail a permis d'étudier les performances d'un réacteur à jet vertical à oxygéner des boues activées. Les avantages d'un tel appareil résident dans sa simplicité de mise en œuvre et son fonctionnement et aussi et surtout dans la faible dépense d'énergie nécessaire à son fonctionnement : un seul organe moteur en l'occurrence la pompe de recirculation permet la circulation des deux fluides. Le principal objectif était la détermination de son efficacité en transfert d'oxygène par mesure du coefficient volumétrique de transfert de matière k_La en eau claire comme en présence de boues. Ce dernier permet d'aboutir à l'apport spécifique brut ASB, définie par la quantité d'oxygène transférée sur la quantité d'énergie dépensée, c'est le meilleur paramètre permettant de caractériser la performance d'un système d'aération.

L'étude du transfert de matière a été précédée par une étude hydrodynamique du réacteur à jet. Cette dernière a concerné la rétention gazeuse, la puissance consommée et la caractérisation des écoulements. Les résultats obtenus pour la rétention gazeuse ont été présentés en fonction du débit de recirculation et de la puissance dépensée. Ils sont en accord avec ce qui est rapporté dans la littérature. Quant à la caractérisation des écoulements, nous avons supposé par une observation visuelle de l'écoulement du gaz que ce dernier est du type piston avec un éventuel court-circuit aux faibles débits et plutôt à un réacteur parfaitement agité aux forts débits où le brassage est intense. Quant à la phase liquide le réacteur à jet est assimilable à 1 réacteur parfaitement agité sauf pour le débit le plus faible qui présente une zone morte de 3% environ.

Concernant le transfert de matière nous avons varié les méthodes de détermination de k_La. Ainsi trois méthodes différentes ont été utilisées, à savoir la méthode du gassing out, l'absorption gaz-liquide avec réaction chimique et la méthode des bilans gazeux pour l'eau claire. Quant aux boues activées, les valeurs de k_La sont obtenues par deux méthodes : la réoxygénation des boues et la méthode au peroxyde d'hydrogène. Les résultats montrent une augmentation du coefficient k_La en fonction du débit liquide, résultats évidents puisque l'augmentation du débit d'eau entraine une augmentation du débit d'air et donc du coefficient k_La. De même nos résultats sont en accord avec la littérature concernant la relation entre la puissance consommée et le coefficient volumétrique de transfert de matière k_La.

Le facteur alpha (rapport de k_La' boues/ k_La eau claire) a été calculé en utilisant les valeurs obtenues par la méthode du gassing out en eau claire et le peroxyde d'hydrogène en boues.

Sa valeur est comparable à celle obtenue dans les bassins d'aération par insufflation d'air en fines bulles.

La fin de ce travail a concerné les performances du réacteur à jet. La variation de l'apport spécifique brut et de la capacité d'oxygénation en fonction des débits sont en accord avec les résultats de la littérature. Les valeurs obtenues pour l'ASB montrent que le réacteur à jet est parmi les aérateurs les plus performants.

Comme de nombreuses études celle-ci ouvre la porte à d'autres recherches pour compléter les travaux effectués. En particulier une DTS appliquée à l'écoulement du gaz permet de confirmer ou non les résultats obtenus par l'observation visuelle des bulles. Dans tout ce travail il a été supposé implicitement que les résultats obtenus en hydrodynamique en eau claire restent valables en présence de boues, une étude de DTS en présence de boue semble aussi nécessaire. Une autre perspective serait de déterminer le k_La en boue en présence de surfactants et d'additifs afin de déterminer une corrélation entre les propriétés physico-chimique des boues et le k_La. Et enfin dans un souci d'extrapolation industriel déterminer les performances en utilisant d'autres dimensions du réacteur à jet. Ces suggestions laissent entrevoir un avenir certain, du point de vue recherche, à ce procédé.

NOTATION

NOTATION

DBO	Demande Biologique en Oxygène
DTS	Distribution des temps de séjour
MES	Matières en Suspension
REP	Réacteur à Ecoulement Piston
ROPA	Réacteur Ouvert Parfaitement Agité
E(t)	Fonction de Distribution des Temps de Séjour
F(t)	Fonction cumulative de Distribution des Temps de Séjour
$\delta(t)$	Impulsion de Dirac

Les caractéristiques du réacteur

Symbole	désignation	unité
H_t	Hauteur totale de la colonne	cm
H_E	Hauteur d'émulsion dans la colonne	cm
D_C	Diamètre de la colonne	cm
D_{ext}	Diamètre extérieur de la canalisation	cm
D_0	Diamètre du tube coaxial	cm
S_0	Diamètre de la plaque d'impact	cm
D	Diamètre de la buse orifice	cm
H	Distance de la plaque par rapport au tube coaxial	cm

Lettres latines

Symbole	désignation	unité
A	Aire interfaciale	1/m
AH	Apport spécifique brut	kg O_2.h^{-1}
ASB	Apport spécifique brut	KgO_2/kWh
AS	Apport spécifique	
CO	Capacité d'oxygénation en eau claire	kg O_2.h^{-1}.m^{-3}
CO'	Capacité d'oxygénation en boues	kg O_2.h^{-1}.m^{-3}
C	Concentration	mg/l
C_S	- Concentration de saturation d'**oxygène** dans la phase liquide	mg/l
	- Concentration du traceur à la sortie du réacteur	mol/l
$C_{s,s}$	Solubilité d'**oxygène** dans les solutions liquide dans les conditions standards	mg/l
C'_s	Concentration de saturation d'**oxygène** en boues	mg/l
C_t Ou C	Concentration d'**oxygène** dans la phase liquide au moment (t)	mg/l
C_0	- Concentration du traceur : mol injectés/volume du réacteur (cas injection impulsion)	mol/l
	- La concentration du traceur à l'entré du réacteur (cas injection échelon)	

151

C_{min}	Concentration minimal d'**oxygène** dans la phase liquide avant la réoxygénation.	mg/l
C ou C_L	Concentration en **oxygène** au sein de liquide	mg/l
C_{max}	Concentration maximal d'**oxygène** dans la phase liquide après ajouter le peroxyde.	mg/l
C_{SO_3}	Concentration de sulfite	mg/l
C*	Concentration d'**oxygène** à l'interface en équilibre avec la concentration d'**oxygène** dans la phase gaz (selon de la loi de Henry)	mg/l
C*'	Concentration d'**oxygène** dans la boue en équilibre avec les conditions d'aération dans le régime stationnaire	mg/l
C_A^*	Concentration du soluté A en équilibre avec la pression partielle P_A	mg/l
C_{Ai}	Concentration de soluté A à l'interface gaz-liquide	mg/l
C_A ou C_{AL}	Concentration de soluté A transféré loin de l'interface	mg/l
C_B ou C_{BL}	Concentration de réactif B dans la phase liquide	mg/l
C_C	Concentration de constituant C (Catalyseur) dans la phase liquide.	mg/l
$\overline{C}$	Concentration relative en **oxygène** au sein de liquide	mg/l
C_D	Coefficient de traînée	--
D_{AL}	Coefficient de diffusion moléculaire du soluté A dans le liquide	m²/s
D_{Ag}	Coefficient de diffusion moléculaire du soluté A dans le gaz	m²/s
D_{BL}	coefficient de diffusion de B dans la phase liquide	m²/s
DBO_5	Demande Biochimique en Oxygène	mg/l
D_{O_2}	Coefficient de diffusion moléculaire d'oxygène dans le liquide	m²/s
d	diamètre	Cm
d ou d_a ou d_B	Diamètre de la buse	Cm
d_{OR}	Diamètre de l'orifice	Cm
D ou D_C	Diamètre de la colonne	Cm
d_{bs} ou d_{32}	Diamètre de Sauter des bulles	Cm
d_b	Diamètre de la bulle d'air	Cm
d_M	Diamètre de la bulle horizontal maximal	Cm
E	Facteur d'accélération	-
EA	Facteur d'accélération limite	-
g	Accélération de la pesanteur	N/kg
Ha	Nombre de Hatta	-
He	- Constante Henry - Hauteur d'émulsion dans la colonne	mol/ (l.atm) cm
H_G	Hauteur de gaz =He-H_L	Cm
H_L	- Hauteur d'immersion des diffuseurs - Hauteur du liquide dans la colonne	M
k_{mn}	constante cinétique de la réaction chimique	s⁻¹
k	constant cinétique ($k_{mn} = kC_C^q$)	l/mol/s
k_G	Coefficient partiel de transfert de matière côté gaz	m/s
k_L	Coefficient partiel de transfert de matière côté liquide	m/s
$k_L a'$	Coefficient global de transfert de matière défini en boues,	1/s
$k_L a$	Coefficient volumique de transfert de matière global en eau claire,	1/s
K_G	Coefficient global de transfert de matière côté gaz	m/s
K_L	Coefficient global de transfert de matière côté liquide	m/s
k_M	Coefficient de la masse ajoutée =11/16	
L_{cv}	Longueur de la canalisation vide	Cm
L_j	Longueur du jet	Cm
MES	Matières en suspension	mg/l
m, n et q	Les ordres partiels respectifs par rapport à A, B et C.	
ni	Nombre de bulles de diamètre d_{bi}	

N	- coefficient dépendant du type de buse - nombre de moles	
N	Nombre de réacteur en cascade	Atm
P_{Ai}	Pression partielle du soluté A à l'interface	Atm
P_A^*	Pression partielle du soluté A en équilibre avec C_A^*	Atm
P_N	Puissance Nette nécessaire à l'aspiration d'air dans le bassin d'aération	kW
P_B	Puissance Brute nécessaire à l'aspiration d'air dans le bassin d'aération	kW
P_C	Puissance consommée par le compresseur	kW
P	Puissance dissipée dans le réacteur	W ou kW
Q_G	Débit d'air	m^3/h
Q_L	Débit du liquide (circulation)	m^3/h
Q_e	Débit auxiliaire	m^3/h
Q_C	Débit de court-circuit	m^3/h
Q_a	Débit accessible ($Q_e - Q_C$)	m^3/h
q_e et q_s	débit d'air insufflé et débit d'air issu du bassin d'aération	m^3/h
R	Flux de respiration de bactéries	mg/l/sec
R	Constante des gaz parfaits	atm.l/(mol.°K)
ROS	Rendement Spécifique d'Oxygénation	m^{-1}
RO	rendement d'oxygénation.	-
RO_S	Rendement d'oxygénation dans les conditions standards	
S	Vitesse de renouvellement de la surface	s^{-1}
T	Temps	S
t_{sm}	Temps de séjour moyen	S
t_C	Temps de contact d'élément liquide avec l'interface	S
T	Température	°C
t_i	Epaisseur du jet	
U_G	Vitesse du gaz	m/s
U_L ou v_s	Vitesse du liquide	m/s
U_B	La vitesse d'ascension de la bulle	m/s
V_i UL,v0	Vitesse du liquide à la buse (vitesse du jet)	m/s
V_L	Volume du liquide	m^3
V_G	Volume du gaz	m^3
V_m	Volume mort	m^3
V_r	Volume réactionnel	m^3
V_a	Volume accessible	m^3
V_B	Volume de la bulle d'air	m^3
y_e	Fraction molaire de l'**oxygène** dans l'air insufflé	
y_s	Fraction molaire de l'**oxygène** dans le gaz recueilli au dessus du réacteur	
y_{s0}	Fraction molaire de l'**oxygène** dans le gaz recueilli au dessus du réacteur au début de la réoxygénation	
Ye	Concentration de l'**oxygène** dans l'air insufflé	mol/l
Y_{s0}	Concentration de l'**oxygène** dans le gaz recueilli au dessus du réacteur au début de la réoxygénation	mol/l
Y	Concentration de l'**oxygène** dans le gaz recueilli au dessus du réacteur	mol/l
y'_e	Fraction molaire de l'**oxygène** dans l'air insufflé dépourvu de vapeur d'eau et de dioxyde de carbone.	
y'_s	Fraction molaire de l'**oxygène** dans le gaz recueilli au dessus du réacteur dépourvu de vapeur d'eau et de dioxyde de carbone.	
$\overline{Y}$	Concentration relative d'**oxygène** dans le gaz recueilli au dessus du réacteur	

Lettres grecques

Symbole	désignation	Unité
α	- Facteur d'Alpha : le rapport de k_La en boues sur k_La en eau claire. (k_La'/k_La) - Fraction de volume accessible (V_a/V_r)	-
β	- Facteur de correction de concentration d'**oxygène** entre l'eau usée et l'eau claire (C'_s/C_s) - Fraction de volume mort (V_m/V_r)	- -
ε_L	Rétention liquide	-
ε_G	Rétention gazeuse	-
θ	Constant de correction de température θ =1,024	-
μ	Viscosité dynamique	Pa s
σ	Tension interfaciale gaz-liquide.	N/m
φ	Flux spécifique d'absorption par unité de surface	mol/m^2/s
ϕ_{O_2}	Flux de transfert d'**oxygène**	mol/l/s
ρ_L et ρ_g	masse volumique du liquide et du gaz respectivement	kg/m^3
ρ_e et ρ_s	Masse volumique d'**oxygène** dans l'air introduit et Masse volumique d'**oxygène** en sortie de bassin d'aération respectivement	kg/m^3
τ	Temps de passage	S
ν	Coefficient stœchiométrique de la réaction chimique	
ΔP	Perte de charge	Bar ou atm ou Pa
Δt	Pas de temps expérimental	S
δ	Epaisseur du film stagnant	μm

Indice :

Symbole	désignation
A	Soluté gaz
B	Réactif dissous dans la phase liquide
C	Catalyseur
e	entrée
exp	Expérimental
G ou g	Gaz
i	- Le réacteur i (réacteurs en cascade) - interface
L ou l	Liquide
mod	modèle
théo	Théorique
S	- Sortie - Standard - Saturation
W	vapeur d'eau
O_2	Oxygène

Exposant :

Symbole	désignation
*	équilibre
'	- boues - dépourvu de vapeur d'eau et de dioxyde de carbone

Nombres sans dimensions :

Symbole	désignation
Fr	Nombre de Froude $Fr = U_G / \sqrt{gD_C}$
Mo	Nombre de Morton : $Mo = \dfrac{\rho_L \sigma_L^3}{g \mu_L^4}$
Re	Nombre de Reynolds : $Re = \dfrac{\rho_L . v_0 . d}{\mu_L}$
Su	Nombre de Suratman : $Su = \dfrac{\sigma_L \rho_L D_C}{\mu_L^2}$

REFERENCES BIBLIOGRAPHIES

REFERENCES BIBLIOGRAPHIES

AHMET, A. (1974). Aeration by Plunging Liquid Jet. Ph.D. thesis, Loughborough University of Technology, Leicestershire, UK.

BAYLAR A., EMIROGLU M. E. and Mualla OZTURK M. (2006). The Development of Aeration Performance with Different Typed Nozzles in a Vertical Plunging Water Jet System. International Journal of Science & Technology Volume 1, No 1, 51-63.

AKITA K., YOSHIDA F. (1973). gas holdup and volumetric mass transfer coefficients in bubble columns. effects of liquid properties. Ind. Eng. Chem. process Des. Dev., vol 12,n° 1, P 76-80.

AMIEL C., GILLOT S., ROUSTAN M., HEDUIT A. (2002). Vers une méthode de mesure du transfert d'oxygène en biofiltres. Water Qual. Res. J. Canada, Volume 37, No. 4, 729–743.

ASCE (1992). Standard measurement of oxygen transfer in clean water. *American Society ofCivil Engineers*, 41 p.

BABCOCK, R. W., STENSTROM M. K. (1993). Presion and accuracy of off-gas testing for aeration energy cost reduction.pdf 66TH ANNUAL CONFERENCE & EXPOSITION. ANAHEIM, CALIFORNIA U .S .A OCTOBER 3-7, 1993.

BADINO A.C. Jr., FACCIOTTI M.C.R., SCHMIDELL W. (2001). Volumetric oxygen transfer coefficients (k_La) in batch cultivations involving non-Newtonian broths Biochemical Engineering Journal 8 (2001) 111–119.

BANDYOPADHYAY B., HUMPHREY A. E., TAGUCHI H. (1967). Dynamic measurement of the volumetric oxygen transfer coefficient in fermentation systems. Biotechnology and Bioengineering, 9, 533-544.

BENADDA B. (1994). Contribution à l'étude du transfert de matière dans une colonne à garnissage; influence de la pression. Thèse, insa Lyon, N° 145-94.

BENADDA B, ISMAILI S., OTTERBEIN M. (1997). Effect of mechanical power on gas hold-up and mass transfer in agitated vessel. *Chemical Engineering and Technology,* 20, 3 192 – 198.

BENADDA B., OTTERBEIN M. , K. KAFOUFI & PROST M. (1996). Influence of pressure on the gas-liquid interfacial area a and the coefficient k_La in a counter-current packed column. *Chemical Engineering and Processing,* 35 pp 247-253.

BIN, A. K., AND SMITH, J. M. (1982). Mass Transfer in a Plunging Liquid Jet Absorber. Chem. Eng. Commun.,15 (5-6), 367-383.

BLAZEJ M., JURASCIK M., ANNUS J., MARKOS J. (2004). Measurement of mass transfer coefficient in an airlift reactor with internal loop using coalescent and non-coalescent liquid media. Journal of Chemical Technology and Biotechnology 79:1405–1411.

BOUGARD D. (2004). Traitement biologique d'effluents azotes avec arrêt de la nitrification au stade nitrite reviews in Environmental Science and Bio/Technology (2005) 4:223–233.

BOYLE W. C., STENSTROM M. K., CAMPBELL H. J., Jr., BRENNER R. C. (1989) Oxygen transfer in clean and process water for draft tube turbine aerators in'total barrier oxidation ditches. Journal WPCF, Volume 61, Number 8.

BONSIGNORE, D., VOLPICELLI, G., CAMPANILE, A., SANTORO, L. AND VALENTINO, R. (1985). Mass Transfer in Plunging Jet Absorbers. Chem. Eng. Process., 19, 85-94.

BOUAIFI M. (1997). Etude de l'hydrodynamique et du transfert de matère gaz-liquide dans des réacteur multi-etragés agités mécaniquement par des mobiles axiaux et radiaux. thèse INSA Toulouse, 213 p.

BUFFIERE P. (2001). Mesure du k_La' en boues par la méthode au peroxyde d'hydrogène.

CALDERBANK P. H., RENNIE J. (1962). The physical properties of foams and froths formed on sieve-plates. Trans. Inst. Chem. Eng. 40, 3.

CANLER J.-P. Performances des systèmes de traitement biologique aérobie des graisses.

CAPELA, S. (1999). Influence des facteurs de conception et des conditions de fonctionnement des stations d'épuration en boues activées sur le transfert d'oxygène. *Thèse de doctorat, Université Paris XII - Val de Marne,* 152 p. + annexes.

CAPELA S., GILLOT S., HEDUIT A. (2004). Comparison of Oxygen-Transfer Water Environment Research, Volume 76, Number 2.

CEMAGREF   (2002). Aération en station d'épuration :évaluation du facteur alpha Cemagref:http

CORNEL P., WANGER M., KRAUSE S. (2001). Investigation of oxygen transfer rates in full scale membrane bioreactors. Germany, Darmstadt univ of technology, Inst. WAR, Paper Reference No. e21291a.

CRUZ A. J. G., SILVA A. S., ARAUJO M. L. G. C., GIORDANO R. C., HOKKA C. O. (1999). Estimation of the volumetric oxygen tranfer coefficient (k_La) from the gas balance and using a neural network technique. Braz. J. Chem. Eng. vol.16 n.2.

CURRIE R. B., STENSTROM M. K. (1989). Full scale field testing of aeration diffuser systems at union sanitary district Union Sanitary District, University of California at Los Angeles

DA SILVA - DERONZIER, G. (1994). Eléments d'optimisation du transfert d'oxygène par aération en fines bulles et agitation séparée en chenal d'épuration. *Thèse de doctorat, Université Louis Pasteur, Strasbourg*, 119 p. + annexes.

DABALIZ A. (2002). Etude d'un réacteur (contacteur) gaz-liquide à jet vertical immergé en vue de son application dans le traitement des eaux usées. Thèse, INSA Lyon.

DANCKWERTS, P. V. (1951). *Industrial and Engineering Chemistry* **43**, pp. 1460-1467.

DECKWER W. D., NGUYEN-TIEN K., SCHUMPE A., SERPEMEN Y. (1981). Oxygen mass transfer into aerated CMC solutions in a bubble column. Biotechn. Bioengen.

DELALOYE M. (1986). Influence de la viscosité du liquide sur le transfert de matière dans une colonne à garnissage à l'échelle pilote. Thèse EPFL No 657.

DESWAL S., VERMA D. V. S. (2007). Performance Evaluation and Modeling of a Conical Plunging Jet Aerator. PWASET, vol 26, ISSN 2070-3740.

DE WALL K. J. A. and OKESON J. C. (1966). The oxidation of aqueous sodium sulphite solution. Chem. Eng. Sci., vol. 21, p 559-563.

DORADO F., RODRIGO M. A., ASENCIO I. (2001). Assembly of a Multiphase Bioreactor for Laboratory Demonstrations Study of the Oxygen-Transfer Efficiency in Activated Sludge. Chem. Educator, 7, 90-95.

DUCHENE P., COTTEUX E (2002). Insufflation d'air fines bulles; Application aux stations d'épuration en boues activées des petites collectivités. *Document technique FNDAE* **26.**

DUCHÈNE P., HÉDUIT A. (1996). Quelques enseignements tirés des essais d'aération en eau claire réalisés par le Cemagref, Tribune de l'Eau, vol. 49, n° 5, pp. 27-31.

Environmental Protection agency- US (1985). fine bubble aeration systems Water Engineering Research Laboratory Cincinnati OH 45268: Technology Transfer EPA/625/8-.85/010.

EVANS G. M., BINH A. K., MACHNIEWSKI P. M. (2001). Performance of con"ned plunging liquid jet bubble column asa gas}liquid reactor Chemical Engineering Science (56) 1151}1157.

FAYOLLE Y., (2006). Modélisation de l'hydrodynamique et du transfert d'oxygène dans les chenaux d'aération. Thèse doctorat, INSA Toulouse 272p.

FYFERLING M. (2007). Transfert d'oxygène en condition de culture microbienne intensive . Thèse, INSA Toulouse. N° 892.

FUNATSU, K., HSU, Y.-CH., NODA, M., AND SUGAWA, S. (1988). Oxygen Transfer in the Water Jet Vessel.Chem. Eng. Commun., 73, 121-139,.

GADDIS E. S., VOGELPOHL A. (1986). Bubble formation in quiescent liquids under constant flow conditions. Chem. Eng. Sc., 41, No. 1, pp. 97-105.

GERMAIN E., STEPHENSON T. (2005). Biomass characteristics, aeration and oxygen transfer in membrane bioreactors Their interrelations explained by a review of aerobic biological processes. Reviews in Environmental Science and Bio/Technology (2005) 4:223–233.

GILLOT S. (1997). Transfert d'oxygène en boues activées par insufflation d'air Mesure et éléments d'interprétation. *Thèse de doctorat, Université Paris XII - Val de Marne,* 145p. + annexes.

GILLOT S. (2003). Mesure du coefficient de transfert d'oxygène en stations d'épuration à boues activées. Cemagref: http

GILLOT S., HEDUIT A. (2000). Effect of air flow rate on oxygen transfer in an oxidation ditch equipped with fine bubble diffusers and slow mixers Wat. Res. Vol. 34, No. 5, 1756–1762.

GILLOT S., HEDUIT A. (2004). Prédiction des capacités d'oxygénation en eau claire des systèmes d'insufflation d'air. *Document technique FNDAE* **31.**

GILLOT S., KIES F., AMIELA C., ROUSTAN M., HEDUIT A. (2005). Application of the off-gas method to the measurement of oxygen transfer in biofilters. Chemical Engineering Science 60, 6336 – 6345.

GOURICH B., EL AZHER N., VIAL C., SOULAMI M. B., ZIYAD M., ZOULALIAN A. (2007). Influence of operating conditions and design parameters on hydrodynamics and mass transfer in an emulsion loop–venturi reactor. Chemical Engineering and Processing 46 (2007) 139–149.

HIGBIE E (1935). The rate of absorbtion of a pure gas into a still liquid during short period of exposure. Am. Inst. Chem. Engrs., 31, 365.

HIKITA H., ASSAI S., TANIGAWA K., SEGAWA K., KITAO M. (1981). The volumetric liquid phase mass transfer coefficient in bubble columns. Chem. Eng. J., vol 22, n°1,p 61-69.

HE Z., PESTIRAKSAKULL A., MESSAPA W. (2003). Oxygen-transfer measurement in clean water the journal of kmitnb., vol. 13, No. 1, Jan.- Mar. 2003

HEDUIT A., GILLOT S., HELMER J-M., BONS S., MAURICRACE P. Transfert de l'oxygène en station d'épuration, systèmes d'aération. Cemagref.

IBARRA R.U., FU P., PALSSONA B.O., DITONNO J.R., EDWARDS J.S. (2003). Quantitative Analysis of Escherichia coli Metabolic Phenotypes within the Context of Phenotypic Phase Planes. J Mol Microbiol Biotechnol 2003;6:101–108.

KARCZ J., SICIARZ R., BIELKA I. (2004). Gas Hold-Up in a Reactor with Dual System of Impellers. Chem.Pap.58 (6) 404—409.

KAWASE Y., MOO-YOUNG M. (1990). The effect of antifoam agents on mass transfer in bioreactors. Bioprocess Engineering 5, 169-173.

KAYSER R. (1979). Measurement of Oxygen Transfer in Clean Water and under Process Conditions. Prog. Water Technol., 11, 23.

KIES F. K. (2002). Traitement des efflients gazeux sous hautes vitesse de gaz.Cas de la colonne à gouttes transportées. Thèse, INSA Lyon.

KIES K. F., BENADDA B., OTTERBEIN M. (2006). Hydrodynamics, mass transfer and gas scrubbing in co-current droplets column operating at high gas velocities. Chemical Engineering and Technology, 29(10), 1205-1215.

KOUAKOU E., SALMON T., FRANSOLET E., TOYE D., MARCHOT P., CRINE M. (2005). Transfert de matière gaz-liquide et mélange dans un bioréacteur membranaire à recirculation externe. Récents Progrès en Génie des Procédés, Numéro 92 – 2005.

KOUAKOU E., SALMON T., TOYE D., MARCHOT P., CRINE M. (2005). Gas–liquid mass transfer in a circulating jet-loop nitrifying MBR. Chemical Engineering Science 60 (2005) 6346 – 6353.

KUNDU G., MUKHERJEET D. (2006). Efficient dispersion in amodified two-phase non-Newto downflowbubble column Subrata Kumar Majumder. Chemical Engineering Science, 61, 6753 – 6764.

KUNDU G., MUKHERJEET D. (2004). Gas-holdup distribution and energy dissipation in an ejector-induced down(ow bubble column: the case of non-Newtonian liquid Ajay Mandal. Chemical Engineering Science 59 2705 – 2713.

LARA MARQUEZ A. , WILD G. , MIDOUX N. (1994). A review of recent chemical techniques for the determination of the volumetric mass-transfer coefficient K_La in gas-liquid reactors. vol. 33, n°4, pp. 247-260.

LAARI A., KALLAS J., CHEM S.P. (1997) Gas-Liquid Mass Transfer in Bubble Columns with a T-Junction Nozzle for Gas Dispersion. ENG. TECHNOL., (20) 550-556.

LINEK V., KORDAC M., MOUCHA T. (2005). Evaluation of the optical sulfite oxidation method for the determination of the interfacial mass transfer area in small-scale bioreactors Biochemical Engineering Journal 27, 264–268.

LINEK V., MOUCHA T., SINKULE J. (1996). GAS-LIQUID MASS TRANSFER IN VESSELS STIRRED WITH MULTIPLE IMPELLERS--I. GAS-LIQUID MASS TRANSFER CHARACTERISTICS IN INDIVIDUAL STAGES. Chemical Engineering Science, Vol. 51, No. 12, pp. 3203 3212,

LINEK V., MAYRHOFEROVA J. (1970). The Kinetics of oxidation of aquous Sodium Sulphite solution. Chem. Eng. Sci. 25 (*1970*), p. 787

LINEK V., BENES P. (1987). Critical Review and Experimental Verification of the Correct Use of the Dynamic Method for the Determination of Oxygen Transfer in Aerated Agitated Vessels to Water, Electrolyte Solutions and Viscous Liquids, Chemical Engineering J. 34, 11-34.

LINEK V., VACEK V. (1981). Use of catalyzed sulfite oxidation kinitics for the determination of mass transfer characteristics of gas-liquide contactors. Chem. Eng. Sci. 36, 1747-1768.

MAALEJ S. (2001). Etude de l'influence de la pression sur l'hydrodynamique et le transfert de matière Gaz-Lliquide dans un Réacteur à Bulles Agité. Thèse, INSA Lyon, 160pp.

MAALEJ S., BENADDA B., DABALIZ A., OTTERBEIN M. (1999). Experimental study on a Co current Gas Liquid Down Flow Contactor with Gas Entrainment by a liquid Jet. Chemical Engineering & Technology, Volume 22 Issue 12, Pages 1043 – 1049.

MAKINIA J., WELLS S. A. (2000). A general model of the activated sludge reactor with dispersive flow -1. Model development and parameter estimation. Wat. Res. Vol. 34, No. 16, pp. 3987–3996.

MAKINIA J., WELLS S. A. Improvements in modelling dissolved oxygen in activated sludge systems Technical University of Gdansk.

MILLIES, M. AND MEWES, D. (1999). INTERFACIAL AREA DENSITY IN BUBBLY FLOW. CHEMICALENGINEERING AND PROCESSING 38, PP. 307-319.

MOSSIER J.-L. (1988). CALORIMETRIE DE SYSTEMES A FORTE DEMANDE D'OXYGENE THESE ECOLE POLYTECHNIQUE FEDERALE DE LAUSANNE.

MURILLO M., (2004). CARACTERISATION DE L'EFFET D'UN TRAITEMENT AU H202 SUR UNE BOUE, APPLICATION A LA REDUCTION DE LA PRODUCTION DE BOUE. THESE, INSA TOULOUSE.

MUELLER J. A., BOYLE W. C., POPEL J., (2002) Aeration Principles and Practice, CRC Press

MUELLER, J. S.; BOYLE, W. C. (1988). Oxygen Transfer under Process Conditions. J.— Water Pollut. Control. Fed., 62, 193.

OHKAWA, A., KUSABIRAKI, D., Y SHIOKAWA, SAKAI, N., AND FUJII, M. (1986). Flow and Oxygen Transfer in a Plunging Water System Using Inclined Short Nozzles and Performance Characteristics of Its System in Aerobic Treatment of Wastewater. Biotechnology and Bioengineering, 28 (12), 1845-1856.

OLIVEIRA M. E. C., FRANCA A. S. (1998). Simulation of oxygen mass transfer in aeration systems. Int. Comm. Heat Mass Transfer, Vol. 25, No. 6, pp. 853-862.

PAINMANAKUL P. (2005) Analyse locale du transfert de matière associé à la formation de bulles générées par différents types d'orifices dans différentes phases liquides Newtoniennes : étude expérimentale et modélisation. Thèse, INSA Toulouse.

REDMOND D. T., BOYLE W.C., EWING L., (1983). Oxygen Transfer Efficiency Measurements in Mixed Liquor Using Off-Gas Techniques. J.—Water Pollut. Control Fed., 55, 1338–1347.

REDMOND D. T., BOYLE W.C., EWING L., (1981). Preliminary findings: off-gas analysis. American scociety of civil engineers (ASCE): oxygène transfer standard committee, Detroit, Michigan.

REDMON D. T., STENSTROM M. K. (1996). Oxygen Transfer Performance of Fine Pore Aeration in ASBs - A Full Scale Review. 1996 International Environmental Conference & Exhibits.

REZETTE F., VASEL J. L., HEDUIT A. (1996). Détermination du coefficient de transfert d'oxygène en boues selon la méthode au peroxyde d'hydrogène: Determination of the oxygen transfer coefficient in activated sludge by to hydrogen-peroxide tests CNRC.

166

ROQUES H., (1980). Fondements théorique du traitement biologique des eaux. Technique et documentation; Vol., II chapitre 3-3,1808pp.

ROSSO D., IRANPOUR R., STENSTROM M. K. (2005) Fifteen years of offgas transfer efficiency measurment on fine-pore aerator: Key role of slidge age and normalized air flux. Water Environ. Res., 77, 266.

ROSSO D., STENSTROM M. K. (2006). Surfactant effects on alpha-factors in aeration systems. Water research, 40, 1397-1404.

ROUSTAN M (2003). Transferts gaz-liquide dans les procédés de traitement des eaux et des effluents gazeux. Lavoisier Techique et documentation, 792pp.

RUCKENSTEIN E. (1971). On Turbulent Mass Transfer Near a Liquid-Fluid Interface. The Chemical Engineering Journal, 2.

SARDEING R., PAINMANAKUL P., HEBRARD G. (2006). Effect of surfactants on liquide-side mass transfer coefficients in gas-liquid sytems a firt step to modeling. Chemical Engineering Science 61, 6249 – 6260.

SARDEING R., POUX M., XUEREB C. (2005). Procédé d'oxygénation et de brassage pour le traitement biologique des eaux usées.

SÉGURET F. (1998). Etude de l'hydrodynamique des procédés de traitement des eaux usées à biomasse fixée Application aux lits bactériens et aux biofiltres.

Stamford Scientific international. (2005). Diffused Aeration Oxygen Transfer Tests Barcelona Sept. 21st -Oct. 18th

STENSTROM M. K. (2000). Fine Pore Aeration Systems Testing univ-. California, los Angeles: Civil and Environmental Engineering Departmentb, November 7.

TANGUY P. (2003). Simulation de l'hydrodynamique des réacteurs biologiquesà culture libre. DEA ,ECOLE NATIONALE DES ARTS ET INDUSTRIES DE STRASBOURG.

THERNING P., RASMUSON A. (2005). Mass transfer measurements in a non-isothermal bubble column using the uncatalyzed oxidation of sulphite to sulphate Chemical Engineering Journal 116, 97–103.

TOERBER E. D., MANDT M. G. (1979). Greater Oxygen-Transfer with Jet Aeration System. Water and Sewage Works, 126, 71-75.

TOJO, K., AND MIYANAMI, K. (1982). Oxygen Transfer in Jet Mixers. Chem. Eng. J., 24 (1), 89-97.

TOJO, K., NARUKO N., MIYANAMI K. (1982). Oxygen Transfer and Liquid Mixing Characteristics of Plunging Jet Reactors. Chem. Eng. J., 25 (1), 107-109.

TRAMBOUZE P., EUZEN J.-P., (2002). Les réacteurs chimiques de la conception à la mise en œuvre. Publications de l'institut français du pétrole, ISBN 2-7108-0816-1.

TRILLO I., Stamford scientific international. Diffused Aeration Oxygen Transfer Tests, Barcelona, Sept. 21st -Oct. 18th 2005

TUSSEAU-VUILLEMIN M.-H., LAGARDE F., CHAUVIERE C., HEDUIT A. (2002). Hydrogen peroxide (H2O2) as a source of dissolved oxygen in COD-degradation respirometric experiments Water Research 36, 793–798.

VAN DE SANDE. E., SMITH J. M. (1975). Mass Transfer from Plunging Water Jets. Chem. Eng. J., 10,225-233.

VAN DE DONK, J. (1981). Water Aeration with Plunging Jets. Ph.D. thesis, Technische Hogeschool Delft.

VILLERMAUX J. (1993). Génie de la réaction chimique: conception et fonctionnement des réacteurs 2ème éd. Paris: TEC & DOC, Lavoisier, 448 p.

WAGNER M., CORNEL P., KRAUSE S. (2002). Efficiency of different aeration systems in full scale membrane bioreactors Technische Universität Darmstadt (Darmstadt University of Technology- Germany) institut WAR, Section Wastewater Technology.

WAGNER M. R., PÖPEL H. J. (1998). Oxygen transfer and aeration efficiency - Influence of of diffuser submergence, diffuser density, and blower type. *Water Science and Technology* 38(3), pp. 1-6.

WAUTHELET M. Traitement anaérobie des boues et valorisation du biogaz.

YAMAGIWA K., ITO A., KATO Y., YOSHIDA M., OHKAWA A. (2001). Effects of Liquid Property on Air Entrainment and Oxygen Transfer Rates of Plunging Jet Reactor. J. Chem. Eng. Japan, 34 (4), 506-512.

ZAMOUCH R., BENCHEIKH-LEHOCINE M., MENIAI A.-H. (2007) Oxygen transfer and energy savings in a pilot-scale batch reactor for domestic wastewater treatment. Desalination 206 414–423.

Site internet

http://www.fndae.fr/documentation/PDF/Fndae24WEB.pdf.

http://www.cemagref.fr/Informations/DossiersThematiques/PollutionEpuration/Recherche15.htm.

http://www.antony.cemagref.fr/qhan/projets%20themes/epuration/Aeration.htm

http://www.mazzei.net/publications/wastewater/Alpha-HighContaminant-Condensed.pdf.

http://www.techniques-ingenieur.fr

http://www.ctastree.be/Biogaz%20Boues.pdf.

ANNEXES

ANNEXES

Annexe 1: Méthode de dosage en retour par le thiosulfate de sodium.

Annexe 2: Solubilité de l'oxygène dans l'eau douce en fonction de la température à pression atmosphérique.

Annexe 3: Calcul de la quantité de sulfite ayant réagi avec l'oxygène dissous.

Annexe 4: Détermination du rendement d'oxygénation par la méthode des bilans gazeux.

Annexe 5: Méthode de Gassing-out.

Annexe 6: Méthode des Bilans gazeux.

Annexe 7: Méthode chimique.

Annexe 8: Méthode de réoxygénation des boues.

Annexe 9: Méthode du peroxyde d'hydrogène.

Annexe 10: Analyseur d'O2 (modèle T11)- Schéma de principe.

Annexe 11: Conductimètre CDM210- Schéma de principe- courbe d'étalonnage.

Annexe 12: Oxymètre 40103 YSI modèle 54 ARC - Schéma de principe.

Annexe 13: Incertitude relative de mesure : Erreur sur la rétention.

Annexe 14: Algorithme utilisé pour la détermination de la DTS théorique.

Annexe 15: Programme sur Matlab pour calculer les courbes théoriques de DTS- modèle de cascade de N ROPA identiques.

Annexe 16: Programme sur Matlab pour le modèle de transfert de matière.

Annexe 17 : Courbes du modèle de transfert pour différentes conditions opératoires.

Annexe 18 : Relation d'étalonnage de l'Annubar donnée par le fournisseur.

ANNEXE 1
METHODE DE DOSAGE EN RETOUR PAR LE THIOSULFATE DE SODIUM

- Mettre 1 ml de l'échantillon prélevé dans un bêcher.
- Ajouter 20 ml d'iode à une concentration de 0.05 mol/l.
- Ajouter de thiosulfate jusqu'à ce que la solution passe du jaune brun à l'incolore ; le volume de thiosulfate, qu'on ajoute (en ml), nous mène à la concentration des sulfites moyennant l'équation :

$$\left\lfloor so_3^{2-} \right\rfloor (en \quad mol/l) = 1 - 0,05 * V_{(S_2O_3^{-2})} \quad (en \quad ml)$$

Explication :

Les sulfites et l'iode réagissent selon l'équation :

$$SO_3^{2-} + I_2 + 3H_2O \longrightarrow SO_4^{2-} + 2I^- + 2H_3O^+$$

L'iode en excès est dosé par du thiosulfate suivant la réaction :

$$I_2 + 2S_2O_3^{-2} \longrightarrow 2I^- + S_4O_6^{-2}$$

En fonction des équations des deux réactions, on détermine la concentration des sulfites :

$$\left[SO_3^{2-}\right] = \frac{V_{iode}.\left[I_2\right] - 1/2V_{thiosulfate}.\left[S_2O_3^{-2}\right]}{V_{sulfite}}$$

Donc

$$\left[SO_3^{2-}\right](en \quad mol/l) = 1 - 0,05.V_{thiosulfate} \quad (en \quad ml)$$

174

ANNEXE 2
SOLUBILITE DE L'OXYGENE DANS L'EAU DOUCE EN FONCTION DE LA TEMPERATURE A PRESSION ATMOSPHERIQUE.
(Table de WINKLER)

Température °C	Solubilité O2 mg/l	Températur e °C	Solubilité O2 mg/l	Températur e °C	Solubilité O2 mg/l
0	14,56	34	7,02	68	3,99
1	14,16	35	6,91	69	3,9
2	13,78	36	6,8	70	3,81
3	13,42	37	6,7	71	3,71
4	13,06	38	6,6	72	3,62
5	12,73	39	6,5	73	3,52
6	12,41	40	6,41	74	3,43
7	12,11	41	6,31	75	3,32
8	11,81	42	6,22	76	3,23
9	11,52	43	6,12	77	3,13
10	11,25	44	6,03	78	3,03
11	10,99	45	5,94	79	2,92
12	10,75	46	5,85	80	2,81
13	10,5	47	5,76	81	2,7
14	10,28	48	5,67	82	2,59
15	10,06	49	5,59	83	2,43
16	9,85	50	5,5	84	2,36
17	9,65	51	5,42	85	2,24
18	9,45	52	5,34	86	2,12
19	9,26	53	5,26	87	1,99
20	9,09	54	5,18	88	1,86
21	8,9	55	5,1	89	1,73
22	8,73	56	5,02	90	1,59
23	8,58	57	4,93	91	1,45
24	8,42	58	4,85	92	1,31
25	8,26	59	4,77	93	1,16
26	8,06	60	4,69	94	1,01
27	7,91	61	4,6	95	0,86
28	7,77	62	4,52	96	0,69
29	7,63	63	4,43	97	0,52
30	7,49	64	4,34	98	0,36
31	7,37	65	4,26	99	0,18
32	7,25	66	4,17	100	0
33	7,13	67	4,08		

Un facteur de correction de 0.98 à utiliser pour corriger la valeur d'étalonnage en fonction de la pression atmosphérique ou l'altitude (175 mètres d'**altitude**)

ANNEXE 3
CALCUL DE LA QUANTITE DE SULFITE AYANT REAGI AVEC L'OXYGENE DISSOUS

Le sulfite est utilisé sous forme de sulfite de sodium Na2SO3, de masse molaire M=126 g /mol. La solubilité de l'oxygène moyenne dans l'eau étant de 9 mg/l et disposant d'un volume d'émulsion de 100 litres environ, la masse de sulfite nécessaire est donc de 7 g selon la réaction :

$$\frac{1}{2}O_2 + Na_2SO_3 \xrightarrow{\ co^{+2}\ } Na_2SO_4$$

Puisque le sulfite est introduit dans le réacteur en marche en régime permanent et ouvert à l'air libre, l'émulsion se réoxygène en permanence, il faut donc prévoir une quantité de sulfite nettement plus importante que celle calculée si l'on désire atteindre une concentration minimale voisine de 0.

Pour cela on a introduit à chaque essai une quantité de 16 g de sulfite de sodium, c'est-à-dire 160 mg/l qui est presque identique à celle qui a été utilisée par BOUAIFI (1997); par contre HEDUIT & RACAULT (1983) ont utilisé une concentration de 150 mg/l.

Afin de favoriser la réaction, on a ajouté une quantité de 10 mg/l de sulfate de cobalt comme catalyseur. Soit 1g dans le réacteur.

ANNEXE 4
DETERMINATION DU RENDEMENT D'OXYGENATION PAR LA METHODE DES BILANS GAZEUX

Expression du rendement d'oxygénation en fonction des fractions molaires

Par définition, le rendement d'oxygénation, RO'c, s'écrit:

RO'c= masse d'oxygène transféré / masse d'oxygène insufflé

D'où

$$RO'c = \frac{n_{O_2e}M_{O_2} - n_{O_2s}M_{O_2}}{n_{O_2e}M_{O_2}}$$

Avec :
M_{O_2} : Masse molaire de l'oxygène (kg)
n_{O2e} et n_{O2s} : nombre de moles d'oxygène dans l'air insufflé ou dans le gaz issu du bassin d'aération

En divisant par le nombre de moles des gaz inertes contenus dans l'air insufflé n_{i_e} et dans le gaz recueilli au dessus du bassin n_{is} et sous l'hypothèse que les gaz inertes n'interviennent pas dans le processus de transfert d'oxygène et en absence de dénitrification : $n_{i_e} = n_{is} = n_i$, le rendement d'oxygénation s'écrit :

$$RO'c = \frac{\dfrac{n_{O_2e}}{n_i} - \dfrac{n_{O_2s}}{n_i}}{\dfrac{n_{O_2e}}{n_i}}$$

Or, n_i s'écrit :

$$n_i = n_{te} - n_{O_2e} - n_{we} - n_{CO_2e}$$

$$n_i = n_{ts} - n_{O_2s} - n_{ws} - n_{CO_2s}$$

Avec :

n_{te} et n_{ts} : nombre total de moles contenues dans l'air insufflé ou dans le gaz issu du bassin,

n_{we} et n_{ws} : nombre de moles de vapeur d'eau contenues dans l'air insufflé ou dans le gaz issu du bassin,

n_{CO_2e} et n_{CO_2s} : nombre de moles de gaz carbonique contenues dans l'air insufflé ou dans le gaz issu du bassin,

$$RO'c = \frac{\dfrac{n_{O_2e}}{n_{te} - n_{O_2e} - n_{we} - n_{CO_2e}} - \dfrac{n_{O_2s}}{n_{ts} - n_{O_2s} - n_{ws} - n_{CO_2s}}}{\dfrac{n_{O_2e}}{n_{te} - n_{O_2e} - n_{we} - n_{CO_2e}}}$$

Et en divisant par n_{te} ou n_{ts} pour obtenir des fractions molaires, il vient :

$$RO'c = \frac{\dfrac{y_e}{1 - y_e - y_{we} - y_{CO_2e}} - \dfrac{y_s}{1 - y_s - y_{ws} - y_{CO_2s}}}{\dfrac{y_e}{1 - y_e - y_{we} - y_{CO_2e}}}$$

Avec :

y_e : Fraction molaire de l'oxygène dans l'air insufflé

y_s : Fraction molaire de l'oxygène dans le gaz recueilli au dessus du bassin

y_{CO_2e} : Fraction molaire de gaz carbonique dans l'air insufflé

y_{CO_2s} : Fraction molaire de gaz carbonique dans le gaz recueilli au dessus du bassin

y_{we} : Fraction molaire de vapeur d'eau dans l'air insufflé

y_{ws} : Fraction molaire de vapeur d'eau dans le gaz recueilli au dessus du bassin.

Expression du rendement d'oxygénation en fonction des fractions molaires lorsque la vapeur d'eau et le dioxyde de carbone sont éliminés

Sous les mêmes hypothèses que précédemment (inertes n'interviennent pas dans le processus de transfert d'oxygène et absence de dénitrification), les fractions molaires d'oxygène de l'aire insufflé et du gaz recueilli au dessus du bassin après élimination de la vapeur d'eau et du gaz carbonique s'écrivent :

$$y'_e = \frac{n_{O_2e}}{n_{O_2e} + n_i} \qquad n_{O_2e} = \frac{y'_e n_i}{1 - y'_e}$$

$$y'_s = \frac{n_{O_2 s}}{n_{O_2 s} + n_i} \qquad n_{O_2 s} = \frac{y'_s n_i}{1 - y'_s}$$

D'où :

$$RO'c = \frac{n_{O_2 e} - n_{O_2 s}}{n_{O_2 e}} = 1 - \frac{y'_s}{y'_e} \times \frac{1 - y'_e}{1 - y'_s}$$

Avec :

$y'e$: Fraction molaire en oxygène dans l'air insufflé, dépourvu de vapeur d'eau et de dioxyde de carbone.

$y's$: Fraction molaire en oxygène dans le gaz issu du bassin, dépourvu de vapeur d'eau et de dioxyde de carbone

ANNEXE 5
LA METHODE DU GASSING-OUT
Exemples de courbe de suivi de la concentration en oxygène dissous

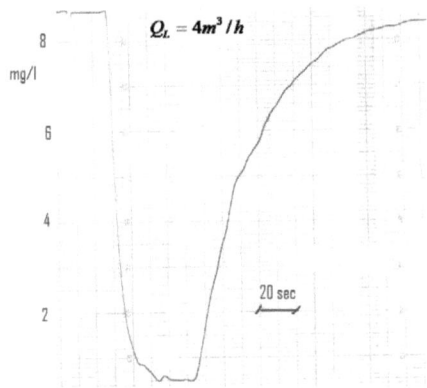

Courbes de réoxygénation de l'eau claire en fonction du temps pour le procédé (Q_L=4 m^3/h)

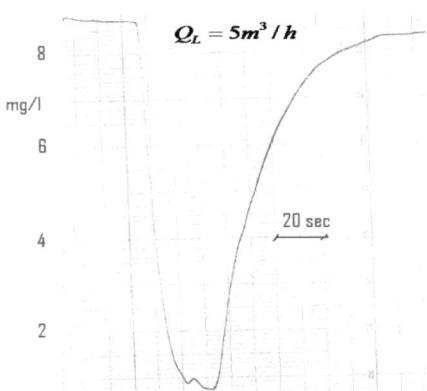

Courbes de réoxygénation de l'eau claire en fonction du temps pour le procédé (Q_L=5 m^3/h)

180

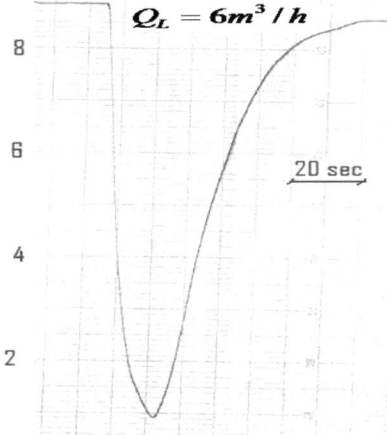

Courbes de réoxygénation de l'eau claire en fonction du temps pour le procédé (Q_L=6 m^3/h)

ANNEXE 6
LA METHODE DES BILANS GAZEUX
Exemples de courbe de suivi de la concentration en oxygène dissous

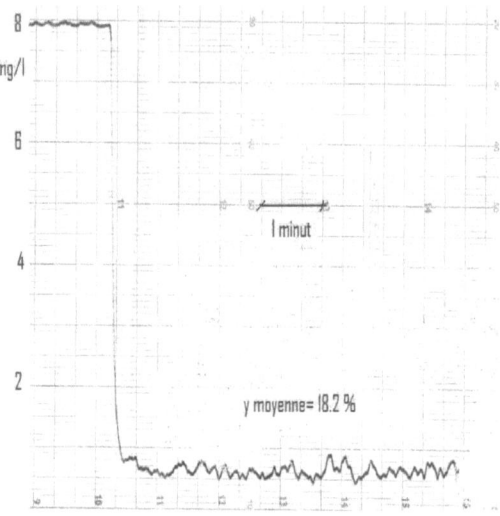

Variation d'oxygène contenu dans le liquide et dans le gaz sortant du réacteur pour le procédé (Q_L=5 m³/h)

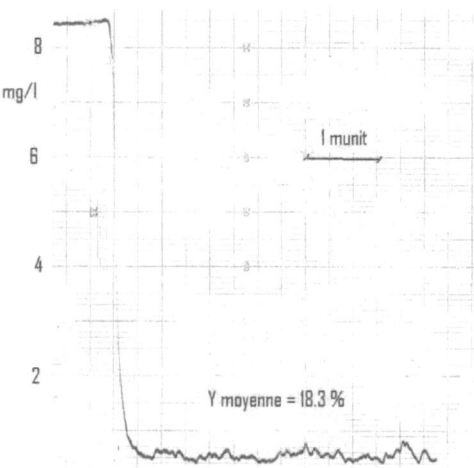

Variation d'oxygène contenu dans le liquide et dans le gaz sortant du réacteur pour le procédé (Q_L=4 m³/h)

ANNEXE 7
LA METHODE AVEC REACTION CHIMIQUE

La concentration de sulfite de sodium dans les échantillons prélevés au fur et à mesure pour différents conditions d'opération.

n° échantillon	T	Ph	Na2 S2O3	Na2 SO3	Temps
Q_L=3 m³/h - [CO]=2 10⁻⁵ mol/l					
	°C		ml	mol/l	min
1	18,6	8,01	10,8	0,73	0
2	21,5	8,06	11,5	0,7125	20
3	25,1	8,03	12,4	0,69	40
4	29	8,03	13,1	0,6725	60
5	33,1	7,99	13,5	0,6625	80
6	39	7,99	14,7	0,6325	110
7	44,5	8,01	16,9	0,5775	140
8	48,8	7,99	18,2	0,545	170

n° échantillon	T	Ph	Na2 S2O3	Na2 SO3	Temps
Q_L =4 m³/h - [CO]= 2 10⁻⁵ mol/l					
	°C		ml	mol/l	min
1	18,7	8	11,8	0,705	0
2	22,5	8	12,7	0,6825	10
3	26,1	7,98	13,7	0,6575	20
4	29	7,97	14,7	0,6325	30
5	35	7,93	17,1	0,5725	50
6	41	7,88	18,3	0,5425	70
7	46,5	7,83	21,1	0,4725	90
8	49	7,81	22,2	0,445	100

n° échantillon	T	Ph	Na2 S2O3	Na2 SO3	Temps
Q_L =4,5 m³/h - [CO]= 2 10⁻⁵ mol/l					
	°C		ml	mol/l	min
1	16	7,88	12,2	0,695	0
2	20,5	7,98	12,6	0,685	10
3	25	7,88	13,9	0,6525	20
4	29,2	7,84	15,3	0,6175	30
5	32,5	7,8	16,6	0,585	40
6	36,4	7,72	18	0,55	50
7	40	7,68	19,4	0,515	60
8	43,3	7,66	22,6	0,435	70

Q_L =5 m^3/h - [CO]=2E-5 mol/l				
n° échantillon	T	Ph	Na2 S2O3	Na2 SO3	Temps
	°C		ml	mol/l	min
1	21,4	8,06	11,3	0,7175	0
2	23,3	8,07	12,3	0,6925	5
3	26	8,05	13,3	0,6675	10
4	28,4	8,04	14,2	0,645	15
5	32	8	15,5	0,6125	25
6	37	8	17,9	0,5525	35
7	43,1	7,94	19,8	0,505	45
8	47,5	7,9	22	0,45	55

ANNEXE 8
METHODE DE REOXYGENATION DES BOUES
Exemples de courbe de suivi de la concentration en oxygène dissous

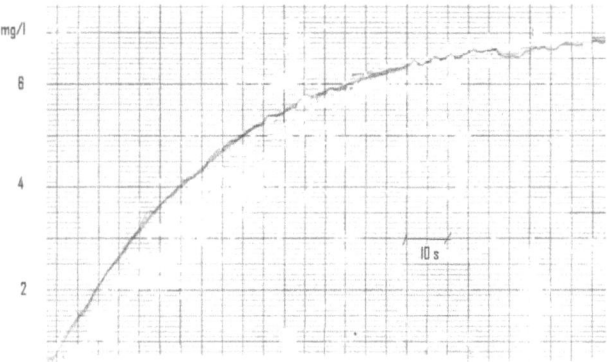

Un exemple de la courbe de réoxygénation de boues en fonction du temps pour le procédé
(Q_L=4 m³/h)

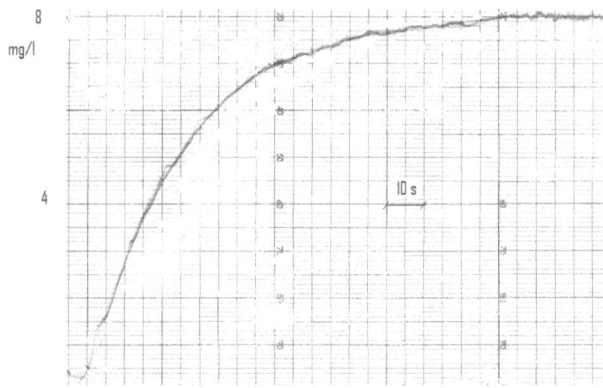

Un exemple de la Courbe de réoxygénation de boues en fonction du temps pour le procédé
(Q_L=5 m³/h)

185

ANNEXE 9
METHODE DU PEROXYDE D'HYDROGENE
Exemples de courbe de suivi de la concentration en oxygène dissous

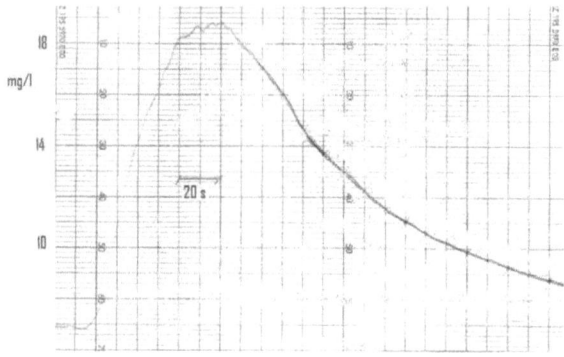

Un exemple de l'évolution de la concentration d'oxygène en fonction du temps
Pour le procédé (Q_L=4m^3/h)

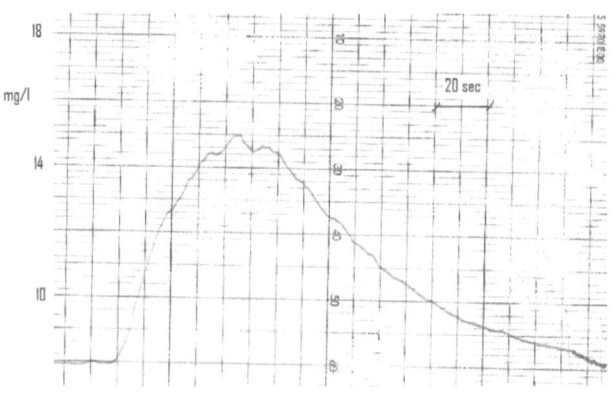

Un exemple de l'évolution de la concentration d'oxygène en fonction du temps pour le
procédé (Q_L=5m^3/h)

186

ANNEXE 10
ANALYSEUR D'O2 (MODELE T11)- PRINCIPE

Le gaz contenant l'oxygène à mesurer pénètre dans la chambre de mesure attiré par le champ magnétique de l'aiment, l'oxygène va se placer entre les pôles Nord/Sud, et de ce fait repousse, en les faisant tourner autour de leur axe de suspension les deux sphères mobile. Cette rotation est détectée par le système photo électrique qui envoie un courant antagoniste pour annuler cette force et maintenir immobile l'équipage. Ce courant est proportionnel à la quantité d'oxygène dans le gaz.

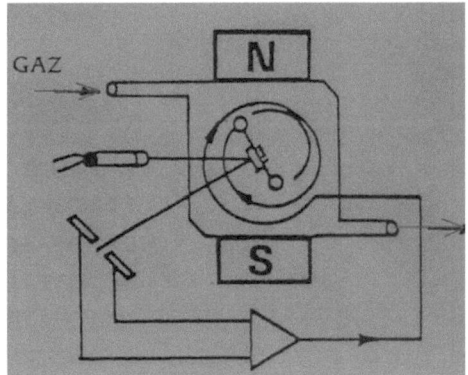

Schéma de principe de l'analyseur d'O2 (modèle T11)

ANNEXE 11
CONDUCTIMETRE CDM210- PRINCIPE

Le Conductimètre CDM210 est un appareil d'utilisation simple parfaitement adapté aux mesures de routine en conductivité et résistivité.

La celle est constituée par deux électrodes de platine platiné (recouvertes de platine pulvérulent) planes, parallèles l'une à l'autre, assujetties par un support à distance fixe l'une de l'autre. Le rapport entre la distance (l) entre les électrodes et la surface (s) de la plane corresponde à la constant de celle.

On mesure la conductivité en faisant passer un courant alternatif de très basse tension entre deux électrodes.

On pourra effectuer la mesure de la résistance R du volume de solution compris entre les électrodes. Si les caractéristiques de la cellule (l et S ou mieux leur rapport kc) sont connues, on en déduira alors la conductivité de la solution selon :

$$K=R*kc$$

La cellule de mesure possède une sonde de température incorporée, corrige automatiquement la valeur obtenue en fonction de la température de l'eau.

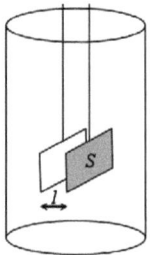

Schéma de la cellule du conductimètre.

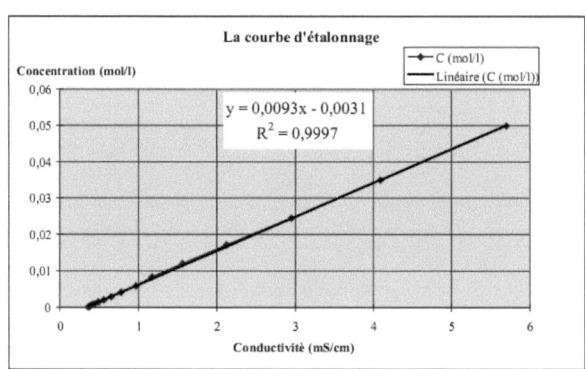

ANNEXE 12
OXYMETRE 40103 YSI MODELE 54 ARC - PRINCIPE

L'appareil utilise une cellule polarographique. Une tension constante est appliquée entre une cathode et une anode baignant dans un électrolyte chloruré et séparées du milieu de mesure par une membrane perméable à l'oxygène. L'électrolyse de l'eau dépose une gaine isolante d'hydrogène sur la cathode qui se polarise et il ne passe plus aucun courant. La présence de 02 dépolarise la cathode et un courant, proportionnel à la quantité de 02 diffusant à travers la membrane sur la cathode, circule de nouveau et permet d'afficher la teneur en oxygène dissous dans l'eau mesurée.

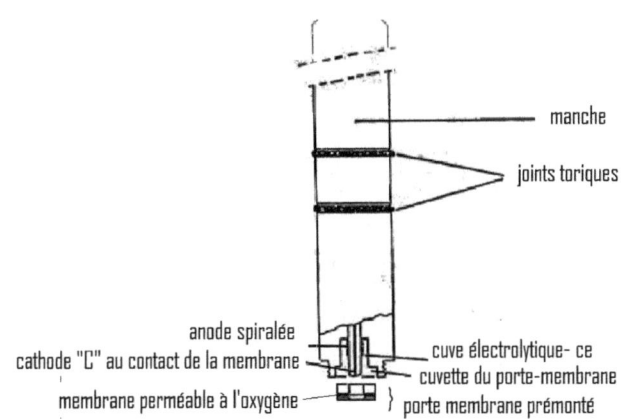

Schéma de la cellule de l'oxymètre.

ANNEXE 13
INCERTITUDE RELATIVE DE MESURE : ERREUR SUR LA RETENTION

L'incertitude:

L'incertitude sur la mesure de HL est considérée égale à l'incertitude sur la lecture soit 1mm. L'incertitude sur la mesure de longueur des canalisations Lcv est estimée à 1 cm. L'incertitude sur la mesure de He est estimée par le manipulateur à chaque débit compte tenu de la turbulence, entre 0,05 et 4 cm.   Nous avons calculé l'incertitude du taux de rétention qui est défini par la relation suivante:

Le taux de rétention=
$$\frac{\varepsilon_G}{\varepsilon_L} = \frac{H_e - H_{Lcorrigé}}{H_e}$$

D'où :

$$\frac{\Delta Taux}{Taux} = \frac{\Delta(H_e - H_{LC})}{H_e - H_{LC}} + \frac{\Delta H_e}{H_e}$$

$$\Delta(H_e - H_{LC}) = \Delta H_e + \Delta H_{LC}$$

$$H_{LC} = H_L - L_{CV}(\frac{D_{ext}}{D_C})^2$$

$$\frac{\Delta H_{LC}}{H_{LC}} = \frac{\Delta H_L + 0,01.\Delta L_{CV}}{H_L - 0,01.L_{CV}}$$

H_L est la hauteur du liquide à l'arrêt, égale à 118 cm
H_{LC} est la hauteur corrigé du liquide, égale à 115 cm
H_e est la hauteur de l'émulsion pour chaque débit du liquide.
L_{CV} est la longueur de la canalisation vide, égale à 250 cm.
D_{ext} est le diamètre de la canalisation, égal à 3 cm.
D_c est le diamètre de la colonne, égale à 30 cm.

Débit liquide Q_L (m³/h)	ΔH_e estimé (cm)	$\varepsilon_G / \varepsilon_L$ (Taux de rétention)	L'incertitude (%)
3,5	± 0,6	0,0526 ± 0,0063	12
4	± 1	0,0684 ± 0,0098	14
4,5	± 1,5	0,0905 ± 0,0146	16
5	± 1,5	0,1111 ± 0,0149	13,5
5,5	± 2	0,1377 ± 0,02	14,5
6	± 2,5	0,1848 ± 0,026	14
6,5	± 3,5	0,2331 ± 0,036	15,5

Annexe 14 :
Algorithme utilisé pour la détermination de la DTS théorique

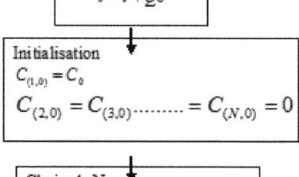

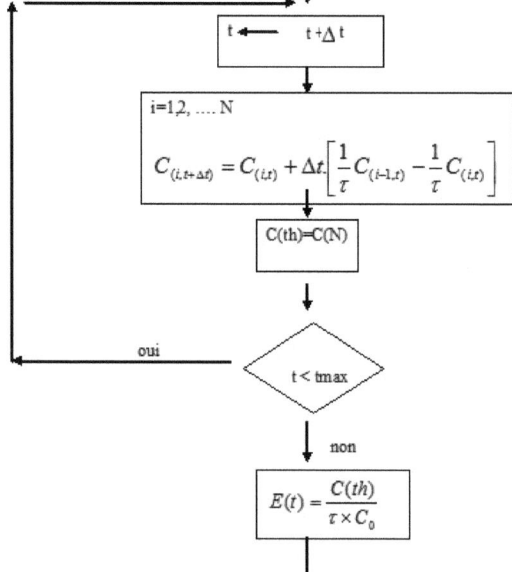

ANNEXE 15
PROGRAMME SUR MATLAB POUR CALCULER LES COURBES THEORIQUES DE DTS
MODÈLE DE CASCADE DE N ROPA IDENTIQUES.

```
N=input('nombre de réacreur=');
Qe =input('Qe(m3/h)=');
Vr=input('Vr(litr)=');
C0=input('C0 (mol/l)=');
tmax=input('tmax(min)=');


v=Vr/N;
ts=v/Qe ;


C=zeros(N,tmax+1);
C(1,1)=C0*(1-1/ts)


for t=1:tmax
C(1,t+1)=C(1,t)-1/ts *C(1,t);
end

if N=1 then
temps=1:tmax+1
plot(temps,C)

else

X(1)=C0
for i=2:N
X(i)=0  % represent C(I,0)
C(i,1)=x(i)+(1/ts)*(x(i-1)-x(i));
end


for i=2:N
for t=1:tmax
C(i,t+1)=C(i,t)+(1/ts)*(C(i-1,t)-C(i,t));
end
end


plot(temps,C(N,:),temps,C(1,:));
```

ANNEXE 16

Programme sur Matlab pour le modèle de transfert de matière.

```
% pour chaque débit QL on propose une valeur de kLa pour résoudre le système d'équation dz(1) & dZ(2) et on
calcule la différence entre la courbe théorique et la courbe expérimental par la fonction R.


%    QL      T      QG       VL       VG        RTH
%   m3/h    °C     m3/h      m3       m3        (-)
%    4      20     5,13     0,083    0,00608   3,13E-02

% kla gassing-out= 0,022


function dz=funQ4(t,z)

% dc/dt=klat(y-c)
% dy/dt= Qg/VG (1-yt)-kLat (VL/VG) RTH (y-c)


dz=zeros(2,1);
dz(1)=0.024*(z(2)-z(1));
dz(2)=(5.13/3600)/0.00608*(1-z(2))-0.024*0.083/0.00608*3.13E-02*(z(2)-z(1));


%ys0          y0           y1             y0/y1            C0            C1            C0/C1
%(-)         mol/l        mol/l                           mol/l         mol/l
%0,183    0,007232638  0,008729885    0,828491746      5,781E-05     0,00003125   0,205555556


[t,z]=ode45(@funQ4,[0:1:150],[0.205555556 0.828]);

tt=[0 10 20 30 40 50 60 70];

Cexpper=[0.205555556 0.372222222 0.505555556 0.605555556 0.677777778 0.738888889 0.794444444 0.816666667];

plot(t,z,t,z(:,2)-z(:,1),tt,Cexpper,'+')

title('O2 dans la phase liquid et la phase gas  QL=5m3/h')
xlabel('temps (s)'),ylabel('O2 (mol/l)')
hold on
[t,z]=ode45(@funQ4,[0:10:150],[0.205555556 0.828]);

for i=1:8
    h(i)=z(i,1);
end

R=(h-Cexpper).^2;
sum(R)
```

194

Annexe (17)
Courbes du modèle de transfert pour différents conditions d'opération

n° d'essai	Q_L m³/h	T °C	Q_G m³/h	V_L m³	V_G m³	RTH (-)
1	4	20	5,13	0,083	0,00608	3,13E-02
2	5	14	6,84	0,083	0,00961	3,65E-02
3	5,5	20	8,38	0,083	0,01173	3,13E-02
4	6	14	10,12	0,083	0,01568	3,65E-02

n° d'essai	y_{s0} --	Y_{S0} mol/l	Y_e mol/l	Y_{s0}/Y_e --	C_{min} mol/l	C_S mol/l	C_{min}/C_s --
1	0,183	0,00723	0,00872988	0,828491746	5,78125E-05	0,000273	0,2117674
2	0,18	0,00751	0,00891239	0,84262983	9,84375E-05	0,000325	0,3024995
3	0,183	0,00723	0,00872988	0,828491746	0,000040625	0,000273	0,2117674
4	0,182	0,00746	0,00891239	0,837000815	9,84375E-05	0,000325	0,3024995

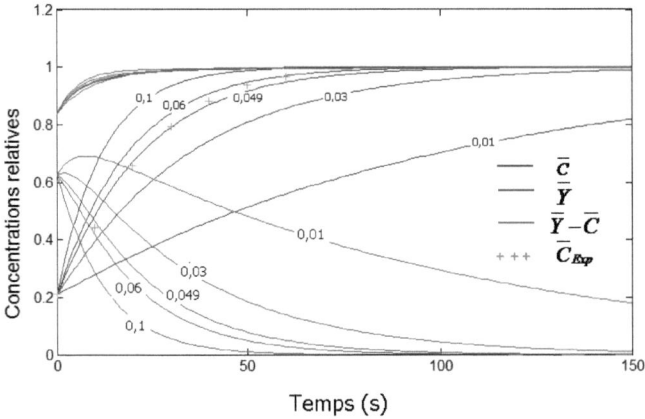

Profils des concentrations relatives en oxygène en phase gazeuse $(\overline{Y})$ et en phase liquide $(\overline{C})$ avec le

potentiel de transfert $(\overline{Y} - \overline{C})$ pour différents valeurs de k_La pour un débit de $Q_L = 6\ m^3/h$

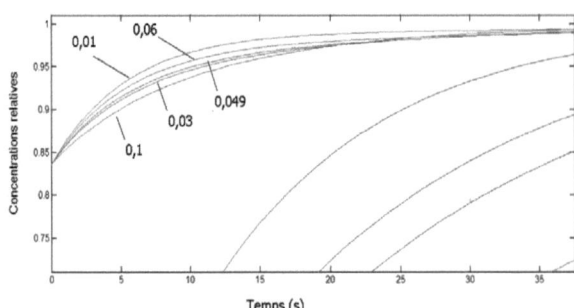

Agrandissement des profils des concentrations relatives en oxygène en phase gazeuse $(\overline{Y})$ pour différents valeurs de k_La pour les faibles valeurs du temps *pour un débit de $Q_L = 6\ m^3/h$ (*conditions de la figure ci-dessus)

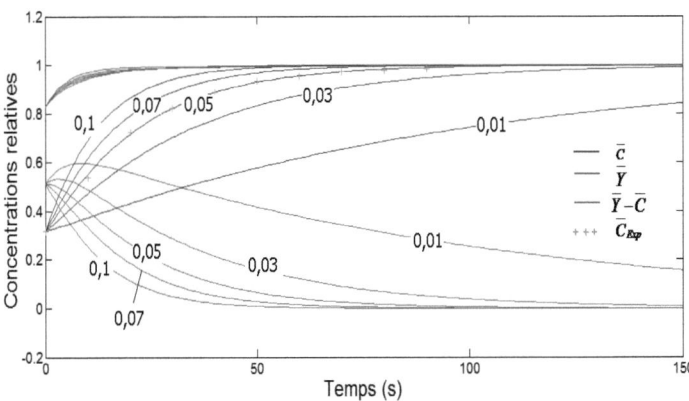

Profils des concentrations relatives en oxygène en phase gazeuse ($\overline{Y}$) et en phase liquide ($\overline{C}$) avec le

potentiel de transfert ($\overline{Y} - \overline{C}$) pour différents valeurs de k_La pour un débit de $Q_L = 5,5\ m^3/h$

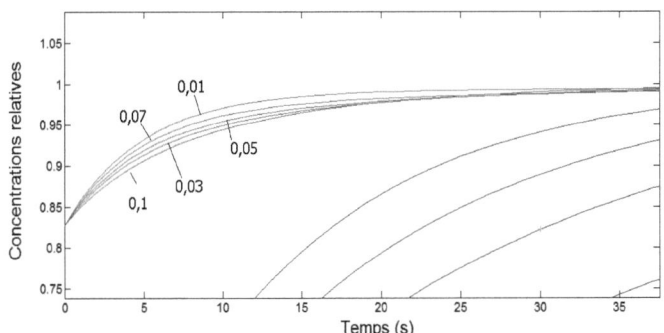

Agrandissement des profils des concentrations relatives en oxygène en phase gazeuse ($\overline{Y}$) pour

différents valeurs de k_La pour les faibles valeurs du temps *pour un débit de $Q_L = 5,5\ m^3/h$ (conditions*

de la figure ci-dessus)

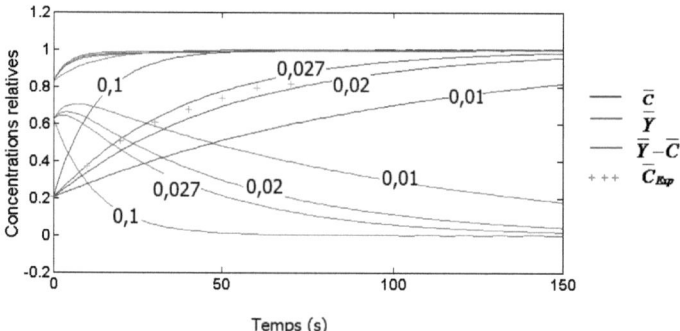

Profils des concentrations relatives en oxygène en phase gazeuse $(\overline{Y})$ et en phase liquide $(\overline{C})$ avec le potentiel de transfert $(\overline{Y}-\overline{C})$ pour différents valeurs de k_La pour un débit de $Q_L=4$ m^3/h

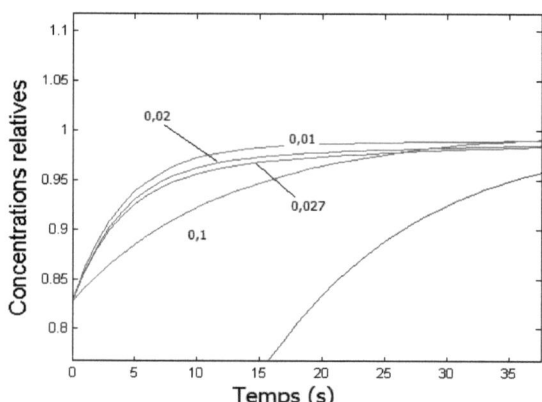

Agrandissement des profils des concentrations relatives en oxygène en phase gazeuse $(\overline{Y})$ pour différents valeurs de k_La pour les faibles valeurs du temps *pour un débit de $Q_L=4$ m^3/h* (conditions de la figure ci-dessus)

Annex (18)
Relation d'étalonnage de l'Annubar donnée par le fournisseur

CALC2. 8LA PRESSION DIFFERENTIELLE DELIVREE PAR L'ANNUBAR 19-
MAR-98
Référence NO: Item:1   Cde No:
Client   :   Rep   Repre :
Fluide   :   Air   Serie No: xxxxxxxxx
ANNUBAR   :   GNT-10   CB
Taille Tuyau: 11/4SCH40

D.P Eg'n 2,5   REV 1. 0 Gaz-Dbit Volum. Aux cond. Relles

$$C = Fna \times K \times D^2 \times Fra \times Ya \times Fm \times Faa \times F1 \times \sqrt{\frac{1}{Pf}}$$

$$hw = (Qa / C)^2 \qquad\qquad Qa = C.\sqrt{hx}$$

Description	Termes	Valeurs	Unité
Coeff. Conversion units	Fna	0,012511	
Coeff. De sond ANNUBAR	K	0,587	
Diamètre interne tuyauterie	D	35,052	
Coeff. Manométrique	Fm	1	
Coeff. Altitude	F1	1	

		MAX	NORM	MIN	
Dbit instantan	Qa	10	5	1	A m3/h
Constante de calcul	C	8,15178	8,15178	8,15178	
Nombre de Reynolds	RD	0	0	0	
Coeff. Nombre de Reynolds	Fra	1	1	1	
Coeff. De Dtente	Ya	1	1	1	
Viscosité Dynamique	Uf		0		Centipoise
Température de service	Tf		15		°C
Coeff. Supercompressibilité	Fpv		1		
Ceff. Dilatation thermique	Faa		1		
Masse volumique de Service	Pf		1,2252		Kg/m3
Pression de Service	pf		1,013		Bars A
Pression Différentielle	hw	1,5	0,376	0,015	mm H2O

* - Signale des Coeff. Programms manuellement

LIMITES ADMISSIBLES

Pression & Tem. De Design	1,013 Bars A	& 15 C
Pression Diffrentielle Maxi	31300 mm H2O	@ 15 C
Dbit la DP Maxi	1300 A m3/h	
Frquence de Rsonnace	6040 CPS	
Pression Maxi Admissible	15,5 Bars G	@ 15 C
& Temperature	98,889 C	

Relation d'étalonnage de l'Annubar donnée par le fournisseur

Résumé:

Ce travail concerne l'étude d'un réacteur gaz-liquide à jet vertical descendant, appartenant à la catégorie des colonnes à bulles et fonctionnant à co-courant. Le but est de l'utiliser comme aérateur des boues de station d'épuration. L'étude concerne la détermination de son efficacité en transfert d'oxygène par mesure du coefficient volumétrique de transfert de matière k_La en eau claire comme en présence de boues. En eau claire, ce paramètre a été déterminé par trois méthodes différentes, à savoir la méthode du gazing out, l'absorption gaz-liquide avec réaction chimique et la méthode des bilans gazeux. Quant aux boues activées, les valeurs de k_La sont obtenues par deux méthodes : la réoxygénation des boues et la méthode au peroxyde d'hydrogène. Les valeurs obtenues en eau claire sont comparées à celles obtenues en présence de boues ce qui permet de déterminer le facteur α (rapport de k_La boue/k_La eau claire). Au préalable les rétentions gazeuses et la puissance dissipée ont été déterminées et les écoulements caractérisés. Enfin l'Apport Spécifique Brut (ASB: quantité d'oxygène transférée sur la quantité d'énergie dépensée) est comparé à celui obtenu dans d'autres réacteurs susceptibles d'assurer l'aération d'un liquide. Les résultats obtenus montrent que le réacteur à jet est parmi les aérateurs les plus performants.

Mots clés : Réacteur à jet, Transfert d'oxygène, Aération, k_La, Apport Spécifique Brut, Boues activées, Hydrodynamique.

Abstract :

The aim of this work is to investigate a co-current air-liquid downward flow bubble column with air entrainment by liquid injection nozzle in order to use it as an aerator in activated sludge treatment plants. The study concerns the determination of oxygen transfer efficiency by measuring the mass transfer coefficient k_La both in clean water and in activated sludge. In clean water, this parameter is determined by three methods: Gassing out method, absorption with chemical reaction and off gas method. In activated sludge medium, k_La values are measured by two methods: sludge reoxygenation and hydrogen-peroxide method. The values of k_La obtained in clean water are compared to those of the obtained in sludge, enabling the determination of the α factor (ratio of oxygen transfer coefficient sludge/clean water). Previously the determination of gas hold-ups, power dissipated and characterization of fluids flow were carried out. Finally the oxygen transfer efficiency (OE) is determined and compared to those obtained in other reactors able to aerate the liquids. The obtained results show that our reactor is among the most performed ones.

Key words: Jet aerator, Oxygen Transfer, aeration, k_La, Oxygen Transfer Efficiency, activated sludge, hydrodynamics.

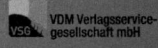